电网地灾震灾监测与风险评估技术

李　昊　彭　晶　于　虹　沈　龙　钱国超／著

西南交通大学出版社
·成　都·

图书在版编目（CIP）数据

电网地灾震灾监测与风险评估技术 / 李昊等著. —
成都：西南交通大学出版社，2023.9
ISBN 978-7-5643-9492-9

Ⅰ. ①电… Ⅱ. ①李… Ⅲ. ①电网 – 自然灾害 – 灾害
防治 – 研究 Ⅳ. ①TM727

中国国家版本馆 CIP 数据核字（2023）第 179216 号

Dianwang Dizai Zhenzai Jiance yu Fengxian Pinggu Jishu

电网地灾震灾监测与风险评估技术

李　昊　彭　晶　于　虹　沈　龙　钱国超 / 著

责任编辑 / 李芳芳
封面设计 / GT 工作室

西南交通大学出版社出版发行
（四川省成都市金牛区二环路北一段 111 号西南交通大学创新大厦 21 楼　610031）
发行部电话：028-87600564　028-87600533
网址：http://www.xnjdcbs.com
印刷：成都蜀通印务有限责任公司

成品尺寸　185 mm × 240 mm
印张　13.25　　字数　258 千
版次　2023 年 9 月第 1 版　　印次　2023 年 9 月第 1 次

书号　ISBN 978-7-5643-9492-9
定价　79.00 元

《电网地灾震灾监测与风险评估技术》

编委会

主要著者： 李　昊　彭　晶　于　虹　沈　龙　钱国超

其他著者： 王　欣　张　辉　王　山　王泽朗　高振宇　马　仪　于　辉　马宏明　王耀龙　周仿荣　龚泽威一　段雨廷　曹占国　马显龙　周　帅　饶　桐　胡　锦　陈道远　杨霄航　代泽林　孙建文　马御棠　潘　浩　文　刚　耿　浩　曹　俊　张　云　岳　斌　郭晨鋆　李　援　段永生　蒋秋男　孙利雄　李东波　董晨阳　艾林超　陈麟鑫　张鱼龙　谭文明

前　言

PREFACE

我国是一个地震灾害比较严重的国家，地震对电力设施的灾难性破坏造成了高昂的灾后恢复和重建费用。电力系统的修复需要大量时间和资源，包括替换受损设备、修复电缆线路、重新建立变电站等。并且地震引发的电力系统损坏可能导致通信和医疗服务中断、影响供暖等问题，使灾区人民的生命安全受到进一步威胁。在现代社会，电力已经成为生活的基本需求，因此，加强对地震灾害的监测以及电力设施的抗震能力和风险评估变得至关重要。只有通过科学的预测和准备工作，才能减少地震对电力设备带来的损失，维护国家的经济稳定和人民的生活质量。

本书的核心聚焦于地灾震灾的检测和风险评估领域，旨在为读者提供理论参考和实用指南。本书深入研究了地震对电力设备产生的各种影响以及如何有效地进行检测和评估。在这个过程中，我们不仅强调了理论框架和算法的重要性，还提供了大量真实的应用案例，从仿真模拟到设备实现都有涉及，涵盖从地震灾害特点到各类电力设备监测算法再到设备抗震技术的全面内容，方便读者进一步应用和提高。

本书共分为 7 章，第 1 章介绍了电网典型地震和灾害分析方面的内容，包括地震灾害的特点以及历史上的电网地震灾害情况。第 2 章探讨了地震动峰值加速度提取技术，以及各类绘制地震灾害图技术。第 3 章深入介绍了设备电气失效机理和设备在地震中的易损性评估。第 4 章详细探究了变电站设备在地震中的损伤评估技术，包括损伤特征提取算法、监测传感器布置算法，以及用于电力设备高光谱图像的降噪算法。第 5 章讨论了变电站设备监控技术，包括监测典型瓷套设备的特征参数需求、基于 MEMS 的多特征参数监测系统拓扑，以及监控系统的实现，并介绍了北斗卫星通信的地质监测系统。第 6 章介绍了变电站设备在地震灾害发生时的快速响应技术，包括利用高光谱图像进行设备状态检测、基于三维姿态高精度传感技术，以及电网地震灾害告警移动应用的建设。第 7 章通过案例研究介绍了变电站设备的抗震措施和技术，包括支柱式电容器塔地震响应技术、变电站穿墙套管抗震加固技术、变电站平面型支柱类设备水平正交双向阻尼器减震技术、电气设备的各向抗弯能力减震技术，以及典型瓷套式设备抗震措施研究。

全书理论结构清晰，案例丰富，实用性强，便于读者学习、应用和参考。本书可为电力行业专业人士、学者和对地震与电力设备关系感兴趣的读者提供参考，也可作为电气设备制造技术人员、大专院校学生的参考用书。

由于编者水平所限，书中难免存在不妥之处，欢迎广大读者批评指正。

作　者

2023 年 3 月

目 录
CONTENTS

第1章 电网典型地灾震灾分析

1.1 地震灾害特点

中国是当今世界上自然灾害最严重、人口总数最多的国家之一，自然灾害对我国造成了大量的人员伤亡和经济损失。20 世纪至今，中国共发生了 1000 余次 6 级以上的地震，共造成了 55 万余人死亡。仅在 21 世纪就已经发生了四川汶川 8.0 级地震、青海玉树 7.1 级地震、云南鲁甸 6.6 级地震、四川芦山 7.0 级地震、四川九寨沟 7.0 级地震、青海玛多 7.4 级地震、青海门源 6.9 级地震等多起 6 级以上地震，造成了巨大的社会经济损失。据统计，在 20 世纪下半叶中国（统计数据不包括港、澳、台地区）发生的各种自然灾害中，地震灾害死亡人数最多，约占 54%，为众灾之首。目前，全球仍有超过 30 亿人居住在地震高风险区域。我国近邻环太平洋地震带与地中海-喜马拉雅地震带的交界地区，地震发生频繁且灾害严重。

地震灾害具有突然发生、能量大和破坏性强等突出特点。

1. 突发性

震源的形成十分短暂。内陆大地震的破裂面为几十千米（如炉霍 7.6 级、通海 7.7 级地震等）到几百千米（如昆仑山口西 8.1 级地震等）长，地震破裂的扩展速度为几千米每秒，一次 7.0 级、8.0 级地震的震源形成一般只需几十秒，最多一百几十秒。

由于地震波传播速度很快（几千米每秒），比破裂扩展速度还要快，内陆强震严重破坏主要在几千米到几十千米的范围内。从地震发生到城市建筑物开始振动，在大多数情况下只需几秒到十几秒的时间。建筑物在经受如此巨大的震动时，经过几个周期（震中距为几十千米的地震波周期一般仅零点几秒），其受到的作用力已超过建筑物的抗剪强度，因此遭到破坏，甚至倒塌。在大地震现场调查中，许多幸存者从感觉到地震到房屋倒塌就是刹那的时间。实际上，震源形成过程中发出的地震波可能尚未全部到达，建筑物已经倒塌。

对于大多数内陆地震区来说，实现地震预警要比地震海啸预警困难得多。不过，也有不受此限制的特例。例如，墨西哥的地震威胁主要来自三四百千米远的太平洋地震，从强震发生到可能造成破坏的地震波传到墨西哥城需要几十秒，甚至超过百秒。建设能够快速、精确定位的遥测台网，利用电信传输速度比地震波快得多（电磁波传播速度为 30 万千米/秒）的优势，就可能实现地震预警。1985 年墨西哥经历 8.1 级地震后建设了地震预警系统，1995 年墨西哥发生 7.3 级地震前提前 72 s 发布地震预警，取得了很好的效果。

地震灾害的瞬间突发性是其他任何自然灾害不能比拟的。旱涝等气象灾害是出现比较频繁的自然灾害。持续几十天无降水才能形成旱灾；由于干旱引起的森林火灾，需要的时间更长。暴雨成灾至少也要在当地持续下几小时特大暴雨；洪峰更要经过几天时间，才可能到达并对中下游的城镇和农田构成水灾威胁。台风从太平洋上空形成，到东南沿海登陆也必须经历几小时到几天的时间。滑坡、泥石流虽有较强突发性，但往往伴随在暴雨或地震之后，而且，常常会先有地裂、轻微滑动等先兆。比较起来，地震灾害形成过程更快，瞬间突发性更显著。并且，滑坡、泥石流灾害的损失和影响也是无法与大地震灾害相比的。

2. 能量大

强震释放的能量是巨大的。一个 5.5 级中强震释放的地震波能量就大约相当于 2 万吨 TNT 炸药所能释放的能量，或者说，相当于第二次世界大战末美国在日本广岛投掷的一颗原子弹所释放的能量。而按地震波能量与震级的统计关系计算，震级每增大 1 级，所释放的地震波能量将增大约 31 倍。一次 7.0 级、8.0 级强震的破坏力之大可想而知。几次巨大地震，如 1960 年智利 9.5 级（M_W）和 2004 年印尼苏门答腊 9.0 级等地震甚至引起地球自由振荡，影响地球自转。每年地震平均释放的能量都大于火山、飓风、暴风雨等各种大家所熟悉的自然灾害所释放的能量。最大地震或每年地震平均释放的能量也比最大的核爆炸的能量大。

如此巨大的地震能量瞬间迸发，危害自然特别严重。1995 年日本阪神 7.2 级地震经济损失达 1 000 亿美元。近年发生的土耳其伊兹米特 7.8 级、中国台湾南投集集 7.6 级和伊朗巴姆 6.7 级等地震造成的经济损失都接近或超过百亿美元。

3. 死亡人数多

相对于其他自然灾害，死亡人数多是地震灾害更为突出的特点。仅 20 世纪以来 100 多年时间里，死亡人数超过 20 万的地震就有 3 次：1920 年我国宁夏海原 8.5 级地震造成23.5万人死亡，1976年我国唐山7.8级地震造成24.2万人死亡，2004年印尼苏门答腊9.0级地震死亡28万人。

1949—2020年，发生在我国因地震造成的人员伤亡数量共计35万余人，占各类自然灾害造成的人员伤亡数量的50%左右。历史上还有死亡人数更多的史实。据史载，1556年（明嘉靖三十四年）陕西华县8.3级地震“军民因压、溺、饥、疫、焚而死者不可胜计，其奏报有名者八十三万有奇，不知名者复不可数”。据1949—1991年资料统计，在中国各类自然灾害造成死亡人数中，地震占首位，所占比例超过一半。

中国陆地面积仅占全球陆地面积的1/14，20世纪有1/3的陆地地震发生在中国，造成60万人死亡，占世界同期（不包括21世纪）因地震死亡总人数的1/2。因此，对于中国来说，在死亡人数方面，地震堪称群灾之首。

4. 城市化程度越高，地震灾害越严重

昆仑山口西8.1级地震的震级比唐山7.8级地震的大，造成的地震破裂带也比唐山地震的长得多，但造成的灾害损失却小。前者是荒无人烟的高原，后者是工业城市。又如，1996年5月内蒙古自治区包头市附近发生6.2级地震，造成15亿元人民币的经济损失，而1990年甘肃天祝—景泰间发生6.2级地震，经济损失为1.5亿元人民币。两个同样大小的地震，造成的经济损失差别达10倍之大，就是因为两地经济水平不同。国外也有许多这样的例子。1923年日本关东7.9级地震的震级比1995年日本阪神7.2级地震大，关东大地震倒毁房屋的比例和死伤人数（死亡14万多人）也都比阪神地震大得多，可是，前者经济损失53亿日元，后者的经济损失96 000亿日元，扣除物价因素，前者的经济损失也比后者的小得多。这也是因为日本经济在这70多年里又有了巨大发展的缘故。美国洛杉矶附近曾于1971年和1994年先后发生6.6级和6.8级地震，两次差不多大小的地震几乎发生在同一地点，但1971年地震的经济损失为5亿美元，而1994年地震的经济损失达170多亿美元。其主要原因就在于从1971年到1994年该地区经济和社会财富有了巨大增长。

目前全世界都呈现人口向城市集中的趋势。50年前，城市人口只占世界人口的30%，而现在，大约50%的人口集中在城市居住。联合国对工业国家、发展中国家以及全球平均分别统计和预测了人口城市化趋势，尽管目前工业化国家的城市化程度高于发展中国家，但发展中国家城市化增长速度大于工业化国家。中国目前属于经济增长最快的国家，也是城市化速度最快的国家之一。现在或今后发生地震，可能遭受的灾害将比以前严重得多。这是我们必须面对的灾害趋势。

5. 地震灾害的时空不均匀性

地震活动的时空分布是不均匀的，世界各国经济发展也是不平衡的。这样，地震灾害就具有受这两者制约的时空不均匀性。前面介绍过，世界强震主要分布在环太平洋地震带和地中海—南亚地震带。其中不少大地震发生在远离城市的海沟或荒无人烟的高原山区，如果不引起海啸，这些地震不会造成具有很大影响的灾害。因此，世界地震灾害主要分布在环太平洋带沿岸和地中海—南亚地震带及其附近人口相对密集、经济比较发达的地区。与中国强震震中分布相比较，我国强震频度西部显著高于东部，而造成死亡人数超过万人的地震以华北与西北的东部居多。青藏高原及其附近荒无人烟的断裂带发生的大地震也不会造成大量人员伤亡或巨大经济损失。死亡人数超过 20 万的 4 次地震，除上面介绍过的唐山地震、海原地震和华县地震以外，还有 1303 年 9 月 25 日山西洪洞 8 级地震（死亡 20 万余人），都发生在华北，或者说，古代的中原地区及其附近。因为这里历史悠久，从古代就人口密集，经济、文化发达，遭遇大地震，灾害就特别严重。总之，地震灾害空间分布是不均匀的。不仅受地震分布不均匀的影响，而且受社会经济发展区域性不平衡的制约。

在时间上，地震灾害分布也是不均匀的。当某一个强震活跃期的主体活动地区恰好是社会经济比较发达的地区，如 20 世纪第 4 活跃期（1966—1976 年）的主体活动地区在华北与川滇，它就是一个地震重灾期。当某一个地震活跃期的主体活动地区主要在社会经济不发达地区，如第 5 活跃期从 1988 年以来的主体活动地区在从我国新疆到我国滇与缅甸交界，主要的大震如 2001 年昆仑山口西 8.1 级地震和 1997 年玛尼 7.5 级地震等大多发生在人烟稀少地区。尽管这些地震的强度不比上一活跃期的低，但地震灾害就远不如上一活跃期严重。

6. 次生灾害种类繁多

地震瞬间巨大作用力不仅可能直接摧毁建筑物造成严重的灾害，而且可能作为触发因素引起其他灾害。通常把前者称为地震直接灾害，而把后者称为地震次生灾害。地震可能引起的次生灾害种类很多，如滑坡、泥石流、火灾、水灾、瘟疫、饥荒等。由于生产设施和流通机能受破坏造成的经济活动下降，甚至停工停产等间接经济损失，以及因为恐震心理、流言蜚语及谣传引起社会秩序混乱和治安恶化造成的危害等也可列为地震次生灾害。

这些次生灾害之间还可能有因果关系，有的次生灾害还可能造成再下一个层次的次生灾害。例如，滑坡、泥石流堵塞了江河后被冲决，又可能导致水灾。据记载，1933 年 8 月 25 日四川茂县叠溪 7.5 级地震造成“四山普遍崩溃，观音岩、银屏岩崩塌，叠溪台地大规模崩塌，校场坝亦崩塌，堵塞岷江，形成多个地震湖。大震后 45 天，湖水溃决，造成下游水灾”。“死于地震者 6 800 余人，被水冲没者 2 500 余人，伤者不计其数”。这次水灾就是叠溪地震造成的滑坡、泥石流次生灾害引发的二次次生灾害。至今，在从成都到九寨沟的公路旁还可看到当时留下的两个地震湖。现在，它们已成为旅游景点。

地震灾害，无论直接灾害，还是次生灾害只要涉及电力和油、气等能源设施，供水和排水设施，公路和铁路等交通设施，以及通信设施等支撑城市中枢机能和居民日常生活的生命线工程，损失就格外严重。因为发达的现代化城市对这些生命线工程的依赖性很强，一旦遭到地震破坏，可能引起严重混乱，造成的社会影响和间接经济损失也许要比这些工程被破坏的直接经济损失大许多倍。这些生命线工程往往是由一些重点设施用管道或线路连成网络系统，任何一个环节遭破坏，出现故障都可能使整个系统的原有机能大幅度下降。某些生命线工程遭灾后还可能引发下一层次的次生灾害，如供电或供气系统被破坏，可能引起火灾，水库大坝若遭破坏可能引起水灾等。如 1995 年阪神 7.2 级地震死亡 5 500 人之中有 10%因火灾遇难。据阪神地震起火原因的抽样调查，因电气失火约占一半，因煤气泄漏失火约占 1/3。

7. 地震灾害与地质条件关系大

许多震害现场调查表明，场地条件对建筑物震害轻重影响很大。所谓场地条件一般指局部地质条件，如近地表几十米到几百米的地基土壤、地下水位等工程地质情况、局部地形以及有无断层带通过等。

一般，软弱地基与坚硬地基相比，自振周期长、振幅大、振动持续时间长，震害也就重，容易产生不稳定状态和不均匀沉陷，甚至发生液化、滑动、开裂等更严重的情况，致使地基失效。地基和上部建筑结构是相互联系的整体，地基土质会影响上部结构的动力特性。有专家做过对比研究指出，在厚的软弱土层上建造的高层建筑的地震反应比在硬土上的反应大 3 ~ 4 倍。

地下水位高的松散砂质沉积地基，遭遇地震更容易发生砂土液化，出现喷水冒砂现象，地面上的房屋可能由于地面不均匀下沉而倾斜。如果发震断层从工程场地通过，造成破坏的力不只来自震动，断层位错本身就会引起地基失效，造成各种破坏。至于非发震断层情况则不同，没有错断和撕裂的危险，主要是断裂破碎带作为地基场地条件的影响。

在地震现场宏观调查中常发现，在孤立突出的小山包、小山梁上的房屋的震害要重一些。也有人发现，在山坳里的房屋的震害可能轻一点。

8. 余震和后续地震往往会加重灾情

主震已经震坏尚未倒塌的建筑物再遭遇强余震可能倒塌。一次强震之后，发生一系列余震是很普遍的事，一般都会构成一个地震序列。若遇到双震或震群型地震序列的后续强震，震灾就更加严重。据中国地震局1966—1996年资料统计，双震和震群型占各种地震序列的27%。震灾现场紧急救援和重建家园应注意地震灾害的这一特点。

1.2 电网历史地震灾害情况

地震灾害是威胁电力系统安全的一种主要的自然灾害，历史上曾多次出现地震导致的电力系统严重损坏的情况。本节将对给电力系统造成严重损失的地震进行震害分析。

1.2.1 2012年彝良5.7级地震变电站震害分析

2012年9月7日，云南昭通彝良发生了5.7级地震，造成了一些变电站设施和设备震害。

220 kV发界变电站：9只220 kV避雷器断裂、1只220 kV电压互感器和1只220 kV耦合电容器破坏。另外，由于变电站填方场地出现地基下沉，I和II段220 kV气体绝缘开关设备（GIS）母线出现变形，I段110 kVGIS母线也出现变形。现场调研，发现GIS锚固螺栓出现由于地震引起的弯曲变形，避雷针顶端屈曲变形。

110 kV新场变电站：112号断路器A相极柱底部安装法兰处陶瓷出现裂缝、大量漏气。

110 kV洛新河变电站：落石造成1台110 kV断路器、1只电流互感器、8组隔离开关损害，A|B相110 kV母线断裂。

震中中心变电站：1台220 kV主变、4台35 kV站用变压器、1台站用变压器，在地震中无轻重瓦斯动作，高压、油化试验合格，均无漏油现象，也无近区短路。可能是地震前按照南网反措要求，对主变进行了基础焊接，主变各侧套管采用软连接措施起了作用。

调研人员在彝良地震中震害较严重的220 kV发界变电站（发界变电站平面图如图1-1所示），通过与变电站工作人员交流得到了220 kV的发界变电站震害。

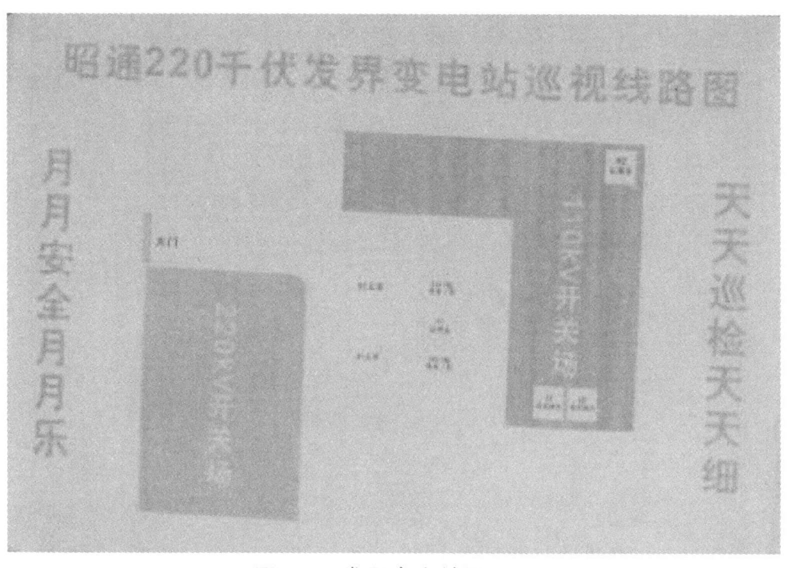

图 1-1　发界变电站平面图

1.2.1.1　避雷器、互感器、电容器的震害情况

如图 1-2 和图 1-3 所示为彝良地震造成的 220 kV 发界变电站 220 kV 避雷器、互感器、电容器的震害情况，震后已经修好。

图 1-2　避雷器、耦合电容器、电压互感器震害

图 1-3 避雷器断裂

1.2.1.2 GIS 设备的基础震害

如图 1-4 所示为 2012 年 9 月 7 日彝良地震造成的 220 kV 发界变电站 220 kV GIS 设备的基础震害，2015 年 3 月 27 日还能观察到基础变形：基础锚固焊接出现裂缝、螺栓弯曲变形。

图 1-4 220 kV GIS 设备锚固裂缝和螺栓变形（地震引起）

如图 1-5 所示为 2012 年 9 月 7 日彝良地震造成的 220 kV 发界变电站 220 kV 开关场地基沉陷，2015 年 3 月 27 日观察到基础沉陷后，用新石子（白色石子）重新补填后的情况。

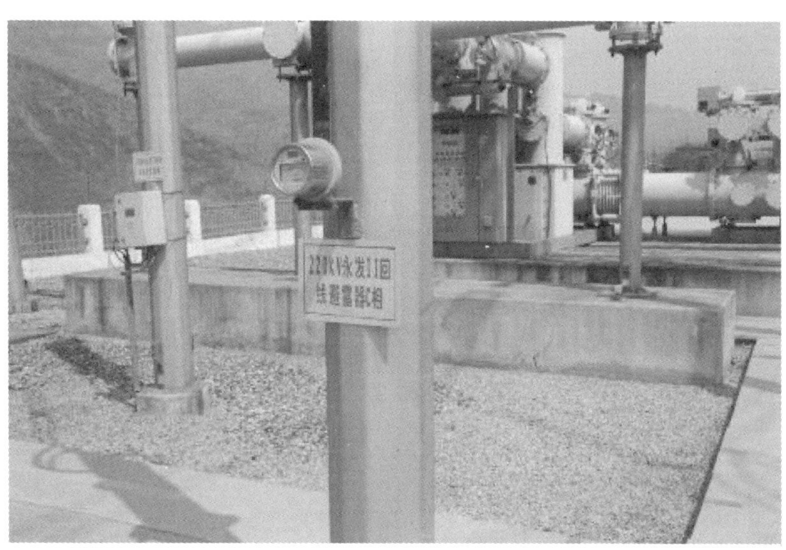

图 1-5　220 kV 开关场场地沉陷（白色石子为震后重新补填）

1.2.1.3　开关场避雷针震害

如图 1-6 所示为 2012 年 9 月 7 日彝良地震造成的 220 kV 发界变电站 220 kV 开关场避雷针震害，2015 年 3 月 27 日还能观察到顶端避雷针弯曲变形。

图 1-6　220 kV 开关场避雷针屈曲变形

如图 1-7 所示为 2015 年 3 月 27 日观察到的#2 主变套管顶端母线冗余度不足，可能造成变压器套管在地震中存在安全隐患。

图 1-7　#2 主变套管顶端母线冗余度不足

如图 1-8 所示为 2012 年 9 月 7 日彝良地震造成的 220 kV 发界变电站 220 kV 开关场围墙震害，2015 年 3 月 27 日还能观察到的围墙裂缝。

图 1-8　变电站围墙裂缝

如图 1-9 所示为 2015 年 3 月 27 日观察到变电站 220 kV 开关场 GIS 套管支撑使用抗震性能差的螺栓节点连接，这些设备在地震中可能存在安全隐患。

图 1-9 抗震性能差的螺栓节点连接

1.2.2 2014 年鲁甸 6.5 级地震变电站震害分析

2014 年 8 月 3 日下午 4 时 30 分许，云南昭通市鲁甸县龙头山镇发生 6.5 级地震。2015 年调研人员抵达鲁甸地震震中 35 kV 龙头山变电站（变电站平面图见图 1-10），通过与变电站工作人员及鲁甸县供电局工作人员交谈，收集文献档案，得到了 35 kV 的龙头山变电站震害。

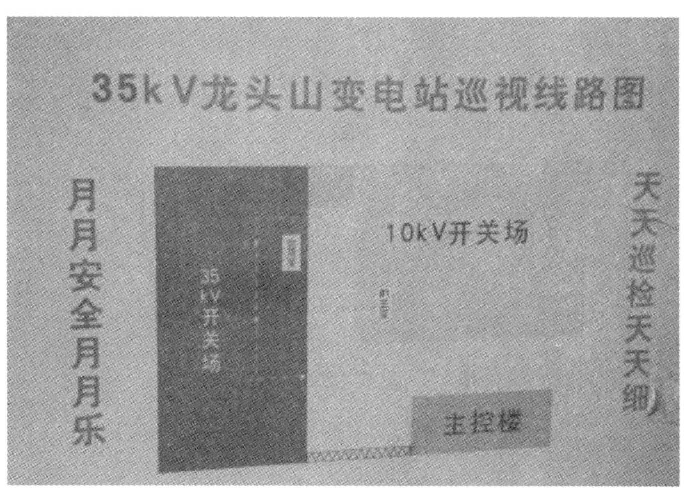

图 1-10 35 kV 龙头山变电站

1.2.2.1 开关场围墙震害

在鲁甸地震中，10 kV 开关场出现填土场地沉陷、裂缝、围墙倒塌，主控楼地板出现下沉、裂缝，墙体也出现裂缝，控制室内设备天花板掉落、设备倾覆震害。

如图 1-11 所示为地震后坍塌的围墙。虽然这些围墙对变电站来说不太重要，但是围墙的倒塌有可能造成场内的人员伤亡、设备损害，因此应提高这些围墙的抗震能力。坍塌的围墙震后已经修好。

图 1-11 倒塌的围墙

1.2.2.2 隔离开关震害

在这次地震中，3 组 10 kV 隔离开关瓷瓶破碎（见图 1-12）；35 kV 主变无轻重瓦斯动作，高压、油化试验合格，均无漏油现象，也无近区间短路。

1.2.2.3 变电站控制楼震害

如图 1-13 和图 1-14 所示为地震中控制楼出现地板下沉、地板裂缝、墙体裂缝、天花板掉落、二次屏柜倾斜、二次屏柜玻璃破损等震害。

图 1-12 隔离开关瓷瓶震害

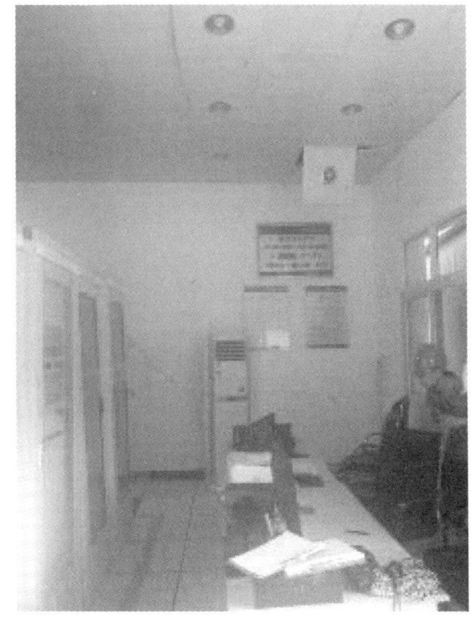

图 1-13 控制楼地板下沉、地板裂缝、墙体裂缝、天花板掉落

图 1-14　二次屏柜震害

如图 1-15 和图 1-16 所示为隔离开关震害抢修和二次屏基础加固场景。

图 1-15　隔离开关震害抢修

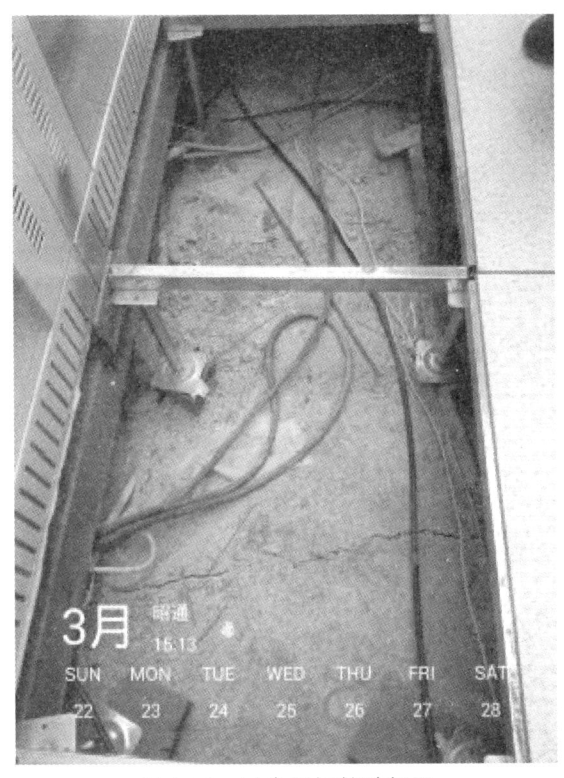

图 1-16 二次屏柜基础加固

综上，地震中变电站围墙倒塌，主控室基础沉降、地面裂缝，造成二次屏柜倾斜、柜门振开、玻璃破碎、隔离开关瓷瓶破碎，可见这些设施（备）抗震性能差，亟待进行抗震研究以提高其抗震能力。

1.2.3 2014 年景谷 6.6 级地震及余震变电站震害分析

2014 年 10 月 07 日 21 时 49 分 39 秒在云南省普洱市景谷傣族彝族自治县(北纬 23.4°，东经 100.5°）发生 6.6 级地震，震源深度 5 km。普洱市景谷 6.6 级地震发生 60 天后，12 月 6 日 2 时 43 分，景谷县永平镇迁毛村石庄组（北纬 23.3°，东经 100.5°）发生了 5.8 级强余震，18 时 20 分再次发生了 5.9 级强余震。地震主要造成 2 条 10 kV 线路跳闸，1 条 10 kV 线路因设备故障手动停运；224 个台变停运，8 048 户用户停电，负荷损失 1.9MW。

1.2.3.1 景谷 10.7 地震灾害调研

普洱市地处“澜沧—耿马”地震带、“普洱—宁洱”地震区，地质结构复杂，地震频度高、强度大、震源浅、成灾重。“10・7”景谷地震震中所在地地处横断山脉无量山西南段，以山地高原为主，震中距县城 20 余千米，房屋结构抗震性能较好、人口密度较低、植被茂密，且依据《云南电网公司 2014 年高风险地区抗震能力评估及应急工作方案》，普洱地区电力设备设施基础抗震能力基本按 8 度设防。

本次地震造成供电设施受损严重，地震造成景谷电网内 1 条 220 kV 线路、1 条 110 kV 线路、2 条 35 kV 线路、9 条 10 kV 线路、458 台配变、14 514 户用户停电，负荷损失 3.3 MW，4 座 220 kV 及以下变电站、发电设施受损，电力设施直接经济损失 3 215.17 万元。

具体损失统计如下：

（1）110 kV 迁糯变电站：西北侧围墙 240 m 倒塌基础下沉，站内设备基础下沉，围墙倒塌后导致#1、#3 电容器组损坏，主控室地基下沉，地基拉裂，屏柜移位。

（2）景谷公司 35 kV 文朗变整体基础变形，围墙倒塌，进站道路损毁，高压室、主控室拉裂，避雷针变形，设备基础下沉，设备构架基础位移，35 kV 西文线、迁文线出线构架位移，导致出线断线。

（3）景谷公司永平、半坡、威远供电所，道路塌陷，围墙倒塌、给排水系统瘫痪，室内照明因震动导致短路，外墙开裂，营业厅装修脱落。

如图 1-17 所示为震中房屋倒塌画面。如图 1-18 所示为中寨附近山体发生垮塌将道路掩埋场面。

图 1-17　震中房屋倒塌

图 1-18　中寨附近山体发生垮塌将道路掩埋

这次地震，灾区电力快速恢复，电力保通高效有序。应急处置过程技术方面充分吸取了鲁甸、盈江、彝良等地震应急处置的经验方法。但过程资料收集方面不足，不能为事后对应急各阶段的分析或各工作组职责履行等方面的分析提供数据材料支撑。建议借鉴国家地震搜救中心应急信息收集分析模式，研究电力应急保通评估模式，在应急响应启动阶段，评估工作就应同步开展。

1.2.3.2　景谷“12 · 6”地震灾害调研

普洱市景谷 6.6 级地震发生 60 天后，12 月 6 日 2 时 43 分，景谷县永平镇迁毛村石庄组（北纬 23.3°，东经 100.5°）发生了 5.8 级强余震，18 时 20 分再次发生了 5.9 级强余震。震中永平镇沿途，部分道路拉裂，需缓慢行驶，没有产生次生灾害。

此次地震造成 2 条 10 kV 线路自动跳闸，1 条 10 kV 线路因设备故障手动停运、224 台配变停运，其中公变 132 台、专变 92 台，负荷损失 1 901 kW。1 座 35 kV 变电站、4 个供电所基础设施、2 基 10 kV 线路杆塔、1 基 0.4 kV 及以下杆塔不同程度受损。本次地震导致景谷县 9 个行政村，8 048 户用户停电，无重要用户停电，负荷损失 1.9 MW。本次地震造成 35 kV 永平变 10 kV 迁糯线、10 kV 芒腊线跳闸；造成碧安开关站 10 kV 碧云线母线侧开关 0221 隔离开关 C 相引流线断线，于 19 时 01 分主动将线路停运进行处理。18 时 32 分对 10 kV 迁糯线送电正常；18 时 33 分对 10 kV 芒腊线送电正常。

2014 年 12 月 7 日 10 时 09 分，碧安开关站 10 kV 碧云线母线侧开关 0221 隔离开关 C 相断线处理完毕后送电，灾区供电全面恢复。

景谷县永镇震中受损房屋如图 1-19 所示。

图 1-19　景谷县永平镇震中受损房屋

1.2.4　汶川地震震害调研

2008 年 5 月 12 日 14 时 28 分，我国四川省汶川县发生了 8.0 级强震，该次地震以及之后的余震给电力系统造成的影响是很大的，特别是离地震中心比较近的省份。四川、甘肃、陕西、重庆等电网均受到影响，这些地区的电力设施遭到了比较严重的破坏，其中四川省的电力设施的破坏是最严重的。“5・12”汶川大地震后，四川省有 6 个州市、21 个县、244 个乡镇电力设施严重损毁，电力供应中断。

电力系统是由发电、输电、配电等环节组成，其中任意一个环节的失效都会引起电力的中断。

1. 发电厂方面

作为电力的源头发电厂在地震中破坏严重。截至 6 月 2 日，受地震影响造成与四川主网解列的电厂累计达 31 座（764.4 万 kW）。根据统计的地方电力企业中，受地震影响与四川地方电网解列的电厂数量达 336 座（101.88 万 kW，其中仅有两座火电厂：装机容量2.4万kW的渠县火电厂，装机容量0.9万kW的沙淇火电厂）。受此次地震影响的水电站大坝主要分布在岷江上游和嘉陵江流域。地震灾害对部分水电站大坝造成了不同程度的损坏，其中位于震中附近的太平驿、映秀湾、耿达和渔子溪等水电站大坝震损较为严重。其中，四川映秀湾水电发电总厂所有电站被严重损毁，生产现场房屋全部成为废墟。

2. 输电配电方面

汶川地震中四川很多输电线路和变电站因灾停运。截止到2008年6月2日17时，四川省电网（包括四川省电力公司系统、四川省地方电力企业系统）因灾停运电力线路（35 kV及以上）共401条（其中受损电力线路360条），据统计四川省电力公司系统10 kV线路停运2 495条。因灾停运变电站（35 kV及以上）共276座。四川主网35 kV及以上变电站停运171座，其中17座完全损毁。

1.2.4.1 电气设备典型震害

1. 变压器震害

变压器的结构特点是质量大、重心低，套管固定在变压器顶部且高度较大，成为一种底部柔度较大的高耸式结构，自振频率较低，易在地震中发生共振，产生较大的地震反应而破坏。

2008年汶川地震中观测到的变压器共分5类破坏情况：变压器附件破坏；弹簧卡式套管根部相对滑移；水泥胶装连接套管整体破坏；金属夹具连接套管根部挤压破坏；铸铁法兰断裂。

根据变压器-套管体系的破坏情况，对汶川地震中四川电力公司110 kV及以上变电站内变压器的破坏情况进行了统计，见表1-1。

表1-1 110 kV及以上变电站内变压器破坏情况

电压等级/kV	主变渗漏/处	主变移位/处	套管损坏/处
500	2	0	3
220	7	6	7
110	12	6	11
总计	21	12	21

图 1-20（a）中变压器采用分离式散热器，散热器下部支架通过螺栓锚固在基础上，变压器箱体向右侧移位，箱底的工字钢梁移动到条形基础的边缘，散热器支架上下变形不协调，导致支架的支架与横梁焊缝开裂；图 1-20（b）中变压器散热器为自支撑形式，即通过箱壁伸出的带法兰管接头将散热器连接到变压器上，变压器和散热器间的相对运动会导致法兰连接螺栓的松动和变形，引起油料渗漏。

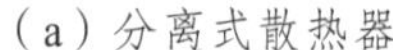

（a）分离式散热器

（b）自支撑散热器

图 1-20　散热器破坏

高压套管最常见的构造是利用弹簧压力将上部瓷质套管和金属法兰紧固在一起，用橡胶垫圈在瓷质套管和法兰之间形成密封构造。地震作用下套管的反复摆动容易造成弹簧卡具的松动，预紧力的损失使得上部瓷质套管与法兰之间摩擦力减小，较大的剪力直接导致了两者的相对位移，从而将橡胶垫圈反向挤出来，引起漏油。相对而言，有浅槽的法兰在一定程度上能够限制上部瓷质套管的相对位移。

高压套管的另一种常见构造是用水泥将瓷质套管胶装在金属法兰槽中，称为水泥胶装连接，金属法兰及水泥对包裹的套管段形成对称约束，从而使法兰槽内的套管段与法兰外部套管段形成刚度突变。如图 1-21 所示，茂县站 2 号主变套管在地震作用下承受很大的动弯矩和剪力，在弯矩剪力组合的复杂应力状态下，套管根部发生断裂，根部以上的瓷质套管与导电杆之间的撞击不断加剧，瓷质碎片全部掉地上。

瓷质套管的抗弯和抗拉能力差，金属夹具容易造成套管根部的应力集中，对于运行多年的变压器，夹具与套管底部翼缘之间不断松动，在地震动作用下前后摇摆，夹具施加给套管底部的冲击荷载更会加剧套管局部断裂。

（a）电容纸烧毁

（b）瓷瓶碎片

图 1-21 套管根部断裂引起的破坏

套管根部除了陶瓷破坏以外，也有可能是铸铁法兰自身破坏，脆性材料在地震的反复作用下，一旦有初始缺陷，很容易将裂缝扩展。这种初始缺陷包括焊缝造成的残余应力、材料变脆，还有螺栓开孔造成的截面削弱。如图 1-22 所示，法兰材料的脆性十分明显，裂缝均沿着加劲肋与法兰下翼缘的焊缝扩展，也有小的裂缝沿着螺栓孔洞扩展，这与上部套管的大幅摇摆密切相关。

图 1-22 法兰破坏

2. 隔离开关震害

隔离开关在变电站中使用非常广泛，也是地震时很容易被破坏的一种电气设备。震害调查发现支柱绝缘子的破坏是最常见的破坏形式。隔离开关与相连设备间连接件柔性不够是造成其破坏的一个原因。

2008年汶川地震中观测到的隔离开关共5类破坏情况：①棒型绝缘子的破坏；②轴承的破坏；③闸刀的破坏；④隔离开关与母线断开；⑤结构整体倾斜或倾覆。

根据隔离开关的破坏情况，对汶川地震中四川电力公司110 kV及以上变电站内隔离开关的破坏情况进行了统计，见表1-2。

表1-2　110 kV及以上变电站隔离开关破坏情况

电压等级/kV	支柱断裂/支	刀闸断裂/台	变形/台	其他/台
500	0	1	1	0
220	68	16	8	2
110	32	6	1	6
总计	100	23	10	8

在隔离开关的破坏中，棒形绝缘子破坏最为普遍。棒形绝缘子由两段瓷质套管通过金属法兰连接而成。在地震作用下，瓷质套管由于强度不足而易破坏。

如图1-23和图1-24所示同为汶川地震中隔离开关的破坏情况。图1-23中，隔离开关的一只绝缘棒子从根部折断并跌落，将闸刀一并拉下使其破坏；结构破坏处断口平整，造成此类破坏的原因可能是在地震作用下，结构产生极大的惯性力或受到母线作用力使套管根部受力超过极限强度被拉断。

图1-23　隔离开关棒形绝缘子的掉落破坏

图 1-24　广元电业局 220 kV 袁家坝站倒毁的隔离开关

图 1-25 中隔离开关均从轴承根部断裂，断口平整。轴承根部是结构的刚度转换处，此处受到较大的弯、剪、扭作用。

图 1-25　漩口 110 kV 变电站隔离开关轴承破坏

如图 1-26 所示为汶川地震中绵阳供电局 110 kV 花荄站兴花线 1 623#刀闸 B 相主刀触头触指变形的情况。造成闸刀主触头接触面断开的原因可能有两个：一是中心旋转隔离开关的支承陶瓷支柱的铸铝支座发生变形，即使隔离开关处于闭合的状态，接触面依然是断开；二是底座槽型钢梁变形引起闸刀主触头断开。隔离开关通常由两槽钢组成的钢梁来支承棒型绝缘子。当底座钢梁刚度不足或两槽钢间缺少足够的结构连接时，钢梁发生变形，使得隔离开关的闸刀臂偏离同一直线导致接触面脱离。

图 1-26　隔离开关底部钢梁变形引起隔离开关闸刀卡口断开

软母线连接设备在地震中，软母线通常会和连接设备发生拉扯，当软母线弯曲刚度、轴向刚度不足时软母线与设备断开。如图 1-27 所示为隔离开关棒型绝缘子与软母线断开的情况。

当地震作用非常剧烈时会对隔离开关造成整体性的破坏。如图 1-28 所示，隔离开关棒型绝缘子几乎全部被震掉，隔离开关的支座也因强烈的地震发生而倾斜、破坏。

图 1-27　漩口 110 kV 变电站隔离开关破坏

图 1-28　二台山开关站隔离开关破坏

3. 断路器震害

根据断路器的破坏情况，对汶川地震中四川电力公司 110 kV 及以上变电站内断路器的破坏情况进行了统计，见表 1-3。

表 1-3　110 kV 及以上变电站内断路器破坏情况统计

电压等级/kV	断裂倾倒	本体变形	漏油、漏气	其他
220	21	2	7	1
110	24	1	14	5
总计	45	3	21	6

2008 年汶川地震中观测到的瓷瓶支持式气体绝缘断路器破坏情况大致分为：①断路器与连接法兰的破坏；②支持瓷瓶上部与法兰连接处破坏；③结构整体倾覆；④断路器与母线断开。

如图 1-29 所示为马角坝站 110 kV 断路器设备瓷瓶部分折断掉落的情况，图中所示设备在两套管连接的法兰处断裂，断路器与顶部连接导线断开并摔落至地面。

图 1-29　110 kV 马角坝站 110 kV 断路器设备瓷瓶部分折断掉落

如图 1-30 所示为 110 kV 马角坝站 110 kV 马铁线 152 断路器的倾斜的情况。图中结构在法兰与支持瓷瓶顶部发生破坏，该处靠近结构与导线的连接点，断路器连同法兰发生倾斜。图中所示结构上部为气体绝缘断路器通过法兰与下部的复合材质套筒相连，该复合材质套筒的强度、刚度可能比上部结构小，因此更容易受破坏。

如图 1-31 所示为汶川地震中变电站断路器连同支承结构整体性的倾倒的情况。图中所示结构由气体绝缘断路器、法兰、瓷质支承套筒、钢格构柱组成，在地震作用整个结构沿格构柱支承的弱轴方向倾覆。二台山开关站隔离开关破坏情况如图 1-32 所示。

图 1-30　110 kV 马角坝站 110 kV 马铁线 152 断路器的倾斜

图 1-31　断路器连同支承结构整体性的倾倒

如图 1-33 所示为汶川地震中一变电站一断路器连接的软母线被拉断的情况。软母线在正常工作情况下具有一定的松弛度和垂跨比，当在地震荷载作用下，软母线连接的两设备间的相对位移使软母线由松弛状逐渐被拉直。当位移、加速度达到一定值时，软母线的强度、刚度超过极限发生破坏。

图 1-32　二台山开关站隔离开关破坏

图 1-33　与断路器连接的软母线被拉断

4. 电流互感器震害

电流互感器所受地震荷载由两部分组成：一是设备及其支承结构的振动反应；二是母线连接生破坏。

2008年汶川地震中观测到的电流互感器的破坏形态共4种：①电流互感器与母线连接处瓷质元件破坏导致漏油；②电流互感器与母线断开；③结构整体倾斜或倾覆；④电流互感器结构的细部破坏。

在电流互感器母线进线端，耳板连接时是不对称地使瓷质元件沿横截面受到拉力或压力。正常工作时，瓷质元件不会发生破坏。在强烈地震作用下，软母线与电流互感器产生相互作用，当瓷质元件超过抗拉强度时，沿轴向裂开造成漏油，如图1-34所示。

图1-34　电流互感器瓷质元件破裂造成漏油

电流互感器顶部金属罐与软母线相连，在地震作用下，电流互感器与软母线发生相互作用，当软母线抗弯、抗拉刚度不足时与电流互感器断开。当结构所受地震作用非常强烈或支承刚度不足时结构可能发生整体的倾斜。

电气设备在生产过程中往往由于材料、制造工艺等影响而存在瑕疵。在地震中，强烈的荷载作用使结构在内部瑕疵的部位发生细微的破坏而导致设备不能再正常工作，这类破坏通常不为肉眼所见，需要借助超声探测仪检测。2008年汶川地震中，评估人员就用超声探测仪检测到此类破坏。

5. 电压互感器典型震害

通常电压互感器比其他装置要大要重，所以其自振频率较小。220 kV以下的电压互感器抗震性能较好。220 kV 以上的电压互感器在地震作用下容易在金属盒连接的陶瓷处发生破坏，这种破坏形式较独立。

2008 年汶川地震中观测到的电压互感器破坏情况可分为 3 种：①瓷瓶破坏；②互感器与母线断开；③其他设备导致的牵连破坏。

如图 1-35 所示为汶川地震中 220 kV 南华站 II 段电压互感器破坏的情况。图中电压互感器从瓷瓶底部折断起火，瓷瓶断面不规则。这种破坏可能是由于较大的惯性力和母线牵连作用引起瓷质材料强度、刚度超过极限造成的。

图 1-35　南华站 II 段电压互感器破坏

电压互感器顶部由软母线与其他设备相连，软母线通过一金属板连接到电流互感器上。地震作用下软母线与电压互感器发生相互作用，当金属板抗拉强度不足时，连接件沿金属件截面断裂，母线与互感器断开。电压互感器通常与其他开关设备相邻，地震时其相邻设备可能发生倾斜或倾覆并砸到电压互感器上导致电压互感器的瓷质套管破坏。

6. 电容器和电抗器震害

汶川地震中发现电容器、电抗器有以下破坏特点：①电容器受母线牵拉引起的破坏；②电容器支座绝缘子断裂、倾斜、错位；③电容器发生油泄漏④落地式电容器的整体移位；⑤电容器基础破坏；⑥火灾造成的设备损毁。

从震害现场照片可以发现，电容器与下部支柱连接处瓷瓶较细，在设备连接母线的牵拉力使得电容器底座断裂或者拔出。图 1-36、图 1-37 中电容器上部连接的软母线的牵拉力过大，造成底座处瓷瓶完全断裂。

图 1-36　德阳局鄢家站耦合电容器底座断出

图 1-37　35 kVⅠ-2 号电容器中间母线支柱瓷瓶损坏

此种形式的电容器的上部质量非常大，因此地震作用下，支柱绝缘子承受很大的水平力作用，并发生破裂、倾斜、错位等现象。成都局 35 kVⅠ-1 号电容器 B 相串抗支柱错位如图 1-38 所示。略坪站耦合电容器根部的拔出情况如图 1-39 所示。

图 1-38　成都局 35 kVⅠ-1 号电容器 B 相串抗支柱错位

图 1-39　略坪站耦合电容器根部的拔出

如图 1-40 所示，地震作用下，电容器瓷瓶或内部设备发生开裂，导致绝缘油体泄漏。

如图 1-41 所示，电容器箱直接放置在基础上，地震中，电容器箱与水平地面之间发生明显移位现象。图 1-42 中电容器落在外包水泥砂浆的砖基础上，地震作用下，砖基础沿接缝处开裂，并有部分砖体压碎。

图 1-40　德阳供电局白连站电容器漏油

图 1-41　监控中心大石桥站：10 kV C1 电容器 #1、#5 电容器移位

图 1-42　梓潼 35 kV 青龙站电容器基础开裂

从现场调查来看，震中设备破裂，绝缘油体泄漏，高压电弧引发电火花，电火花引燃泄漏出的油体及其他可燃物，继而引起大火。火灾后，电力设备表面烧焦，严重变形，甚至烧毁。

7. 避雷器震害

避雷器是地震中最容易破坏的设备之一。它的破坏形式主要有根部法兰靠上的一个伞裙破坏或者是短支架破坏，这两种破坏形式出现的概率相等。

2008 年汶川地震中观测到的避雷器破坏情况可分为 6 种：①避雷器受到母线牵拉引

起的破坏；②避雷器绝缘子受到地震作用掉落；③连接母线拉断或与设备连接节点处脱落；④避雷器法兰连接处断裂或移位；⑤避雷器中部瓷质绝缘子的开裂或断裂；⑥ 避雷器瓷瓶的局部破坏。

根据避雷器的破坏情况，对汶川地震中四川电力公司 110 kV 及以上变电站内避雷器的破坏情况进行了统计，见表 1-4。

表 1-4　110 kV 及以上变电站内避雷器破坏情况统计

电压等级/kV	瓷瓶断裂	倾倒	其他
500	0	0	1
220	16	17	2
110	7	7	3
总计	23	24	6

这类震害是避雷器受到绝缘子上部连接母线的牵拉作用引起的，主要的破坏形式为避雷器根部与混凝土支柱连接处发生折断。如图 1-43 所示，连接母线是避雷器地震破坏的一项重要原因，当软母线牵拉力足够大时，绝缘子与支柱连接处的瓷瓶或法兰可能发生断裂，当软母线与绝缘子连接处较薄弱时，软母线连接部可能断开。

图 1-43　成都局聚源站 220 kV 避雷器瓷瓶支柱根部折断

这类震害为避雷器绝缘子根部折断或掉落，如图 1-44、1-45 所示。避雷器结构高度较大，上部由绝缘子、法兰及电力设备组装而成，自重较大，根部与支柱连接处较细，由瓷质材料制成，可能较为脆弱。

图 1-44　220 kV 天明站 220 kV 避雷器头部的震落

图 1-45　220 kV 孟家站 1#主变 220 kV 侧 B 相的避雷器折断脱落

如图 1-46 所示，中央的软母线脱落，同时，受软母线的牵拉作用，避雷器从中部折断；而画面后方的硬母线在伸缩节处断开。

图 1-46　什邡局万春一号变 35 kV 侧避雷器根部脱落

从避雷器法兰处破坏的震害现场照片来看，钢质法兰和瓷质绝缘子连接截面处有可能发生水平向错动，导致避雷器从法兰处断裂。

如图 1-47 所示，中空的瓷质避雷器中部发生断裂，断裂沿较小的圆环形截面发生。在地震作用下，避雷器上部的惯性力可能很大，造成瓷质绝缘子中部折断。

图 1-47　德阳局罗江万安站 220 kV Ⅰ 母避雷器陶瓷部分的折断

此种震害发生在避雷器瓷瓶局部，陶瓷为脆性材料，在地震作用中，受到应力超过极限承载力，几乎不经历塑性阶段即发生破裂。

8. 母线及支柱震害

220 kV 袁家坝变电站全停，220 kV Ⅰ 母、Ⅱ 母管折断变形，201#、202#、262#、264# 共 4 台沈开 LW-6 型开关倒塌损坏，1#主变位移脱轨（移位 2 ~ 3 cm），2#主变位移（移位 3 ~ 4 cm），1#主变 110 kV 侧避雷器引线脱落，1#、2#主变中性点地刀折断，2#主变 10 kV 侧母线桥变形支柱瓷瓶部分损坏，220 kV Ⅱ 母隔离刀闸倒塌 12 组，母线支柱瓷瓶倒塌 9 支，220 kV Ⅰ 母母线支柱瓷瓶倒塌 2 支，部分母线支柱瓷瓶倾斜，110 kV 有 2 路出线线路侧耦合电容器引流线各断 1 相，直流系统蓄电池损失 1 组，围墙倒塌 200 余米。

1.2.4.2　汶川地震对其他省电力系统的影响

“5 · 12”汶川特大地震灾害使西北区域陕西、甘肃部分地区电力设施遭受不同程度破坏，西北电网安全运行受到严重威胁。其中陕西电网损失负荷 187 万 kW，35 kV 及以上变电站受损 11 座，10 kV 及以上线路跳闸 109 条，停电台区 2 475 个、25 876 户；5

月 12 日汶川地震发生后，陕西汉中市震感强烈，导致略阳电厂 110 kV 段母线损坏，6 号机组解列运行，汉中电网多条线路跳闸，超过一半的变电站受到不同程度影响，短时负荷损失近 2/3。甘肃电网损失负荷 34 万 kW，35 kV 及以上变电站停运 69 座，10 kV 及以上线路停运 415 条，停电台区 14 458 个、79.128 3 万户；甘肃省陇南、庆阳、天水、平凉、甘南等 5 个市州普遍受灾，其中陇南最为严重。

第2章

灾害分布图绘制技术研究

2.1 地震灾害分布图绘制技术

叠加分析是地理信息系统最常用的提取空间隐含信息的手段之一。该方法源于传统的透明材料叠加，即将来自不同的数据源的图纸绘于透明纸上，在透光桌上将其叠放在一起，然后用笔勾出感兴趣的一部分，提取出需要的信息。地理信息系统的叠加分析是将有关主题层组成的数据层面，进行叠加产生一个新数据层面的操作，其结果综合了原来两层或多层要素所具有的信息。叠加分析不仅包含空间关系的比较，还包含属性关系的比较。地理信息系统叠加分析可以分为以下几类：视觉信息叠加、点与多边形叠加、线与多边形叠加、多边形与多边形叠加、栅格图层叠加。

视觉信息叠加是将不同层面的信息内容叠加显示在结果图层或屏幕上，以便研究人员判断其相互空间关系，获得更为丰富的空间信息。地理信息系统中视觉信息的叠加包括以下几类：点状图、线状图和面状图之间的叠加显示；面状图区域边界之间或一个面状图与其他专题区域边界之间的叠加；遥感影像与专题地图的叠加；专题地图与数字高程模型（DEM）叠加显示立体专题图视觉信息叠加不产生新的数据层面，只是将多层信息复合显示，便于分析。

点与多边形叠加，实际上是计算多边形对点的包含关系。矢量结构的 GIS 能够通过计算每个点相对于多边形中每个边的位置，进行点是否在一个多边形中的空间关系判断在完成点与多边形的几何关系计算后，还要进行属性信息的处理。最简单的方式是将多边形属性信息叠加到在其内部的点上。当然也可以将点的属性叠加到多边形上，用于标识该多边形。如果有多个点分布在一个多边形内的情形时，则要采用一些特殊规则如将点的数目或各点属性的总和等信息叠加到多边形上通过点与多边形叠加，可以计算出每个多边形里有多少个点，不但要区分点是否在多边形内，还要描述在多边形内部的点的属性信息。通常不直接产生新的数据层面，只是把属性信息叠加到原图层中，然后通过属性查询间接获得点与多边形叠加的所获取的信息。例如一个中国政区图（面要素图层）和一个全国矿产分布图（点），二者经叠加分析后，将政区图多边形有关的属性信息加到矿产的属性数据表中，然后通过属性查询可以查询指定省有多少种矿产，产量有多少；而且可以查询指定类型的矿产在哪些省有分布的信息，等等。

线与多边形的叠加，是比较线上坐标与多边形坐标的关系，判断线是否落在多边形内。计算过程通常是计算线与多边形的交点，只要相交，就产生一个节点，将原线打断成一条条弧段，并将原线和多边形的属性信息一起赋给新弧段。叠加的结果产生了一个新的数据层面，每条线被它穿过的多边形打断成新弧段图层，同时产生一个相应的属性数据表记录原线和多边形的属性信息。根据叠加的结果可以确定每条弧段落在哪个多边形内，可以查询指定多边形内指定线穿过的长度。如果线状图层为河流，叠加的结果是多边形将穿过它的所有河流打断成弧段，可以查询任意多边形内的河流长度，进而计算它的河流密度等；如果线状图层为道路网，叠加的结果可以得到每个多边形内的道路网密度，内部的交通流量，进入、离开各个多边形的交通量，相邻多边形之间的相互交通量。

多边形与多边形叠加是 GIS 最常用的功能之一。它是将两个或多个多边形图层进行叠加产生一个新多边形图层的操作，其结果是将原来多边形要素分割成新要素，新要素综合了原来两层或多层的属性，如图 2-1 所示。

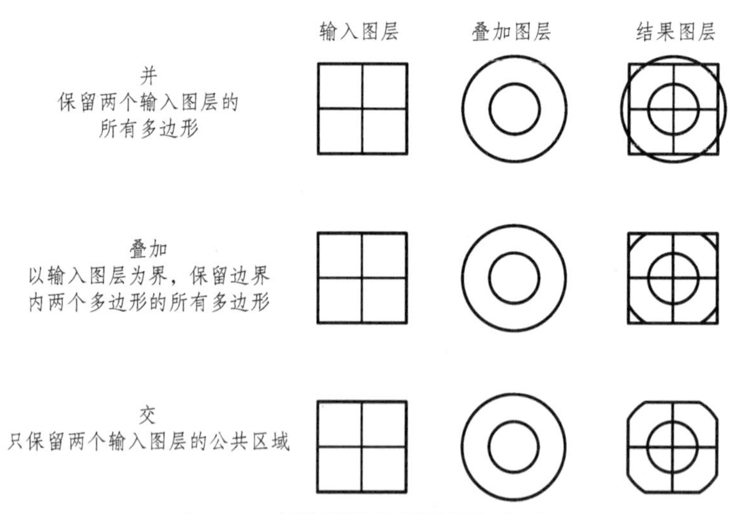

图 2-1　多边形间的不同叠加方式

进行多个多边形的叠加运算，在参与运算多边形所构成的属性空间内，每个结果多边形内部的属性值是一致的，可以称为最小公共地理单元。

其叠加过程可分为几何求交过程和属性分配过程两步。几何求交过程首先求出所有多边形边界线的交点，再根据这些交点重新进行多边形拓扑运算，对新生成的拓扑多边形图层的每个对象赋予多边形唯一标识码，同时生成一个与新多边形对象一一对应的属性表。由于矢量数据受计算精度的影响，几何对象不可能完全匹配，叠加结果可能会出现一些碎屑多边形（Silver Polygon），可以设定一模糊容限以消除它。

多边形叠加结果通常把一个多边形分割成多个多边形，属性分配过程最典型的方法是将输入图层对象的属性拷贝到新对象的属性表中，或把输入图层对象的标识作为外键，直接关联到输入图层的属性表。这种属性分配方法的理论假设是多边形对象内属性是均质的，将它们分割后，属性不变。也可以结合多种统计方法为新多边形赋属性值。

多边形叠加完成后，根据新图层的属性表可以查询原图层的属性信息，新生成的图层和其他图层一样可以进行各种空间分析和查询操作。

栅格数据结构的空间信息明显隐含属性信息的特点，可以看作是最典型的数据层面，通过数学关系建立不同数据层面之间的联系是 GIS 提供的典型功能，空间模拟尤其需要通过各种各样的方程将不同数据层面进行叠加运算，以揭示某种空间现象或空间过程例如土壤侵蚀强度与土壤可蚀性，坡度，降雨侵蚀力等因素有关，可以根据多年统计的经验方程，把土壤可蚀性、坡度、降雨侵蚀力作为数据层面输入，通过数学运算得到土壤侵蚀强度分布图。这种作用于不同数据层面上的基于数学运算的叠加运算，在地理信息系统中称为地图代数，地图代数功能有 3 种不同的类型：

（1）基于常数对数据层面进行的代数运算和基于数学变换对数据层面进行的数学变换（指数、对数、三角变换等）。

（2）多个数据层面的代数运算（加、减、乘、除、乘方等）和逻辑运算（与、或、非、异或等）。

（3）栅格图层叠加的另一形式是二值逻辑叠加，常作为栅格结构的数据库查询工具。数据库查询就是查找数据库中已有的信息，例如：基于位置信息查询如已知地点的土地类型，以及基于属性信息的查询如地价最高的位置；比较复杂的查询涉及多种复合条件，如查询所有的面积大于 10 公顷且邻近工业区的全部湿地。这种数据库查询通常分为两步，首先进行再分类操作，为每个条件创建一个新图层，通常是二值图层，1 代表符合条件，0 表示所有不符合条件。第二步，进行二值逻辑叠加操作得到想查询的结果。逻辑操作类型包括与、或、非、异或。

2.1.1 Web GIS 技术

Web GIS 顾名思义就是 Internet 和 GIS 结合的产物，它主要是利用 Internet 来实现对地理信息的发布，为用户提供空间数据的信息查询、浏览、分析等功能，其中 Web GIS 有两种数据表现形式，分别是矢量图形式和栅格形式。本节讲的是增强图元文件矢量图形式的 Web GIS，它由 ESRI 开发的 ArcGIS 的桌面产品 ArcMap 生成，解决了 Web GIS 体系模型的一些技术瓶颈，使其能很好地将地理信息和气象信息相结合，为用户提供良好的公众信息服务。

2.1.1.1 Web GIS 概述

进入 21 世纪以后，随着互联网的迅猛发展和普及程度的提高，GIS 技术也取得了飞速的发展和质的变化，Internet 成为 GIS 新的操作平台，网络用户对地理信息系统的需求和要求也越来越高，而且和 GIS 相关的应用也越来越多。人们希望通过 Internet 来快速获取地理信息和其他应用信息的需求也越来越高，Web GIS 已经成为 GIS 发展的必然趋势。

万维网地理信息系统（Web GIS）是基于 Internet 平台、客户端应用软件采用 WWW 协议、运行在万维网上的地理信息系统。Web GIS 能完成地理信息的空间分布式获取、地理信息的空间查询、检索和联机处理、空间模型的分析服务、互联网上资源的共享等，从而实现地理信息和其他资源的处理和共享，使地理信息系统服务和各项功能从局部的计算机网络扩展到大众化服务上来。

Web GIS 成为 GIS 的发展趋势，并能够和各行各业相结合进行各种各样的服务，特别是从国家部门走向公众服务必然有其独特的优势。Web GIS 主要有以下几个优点：

（1）国际化、便民化服务。Web GIS 是由 Internet 来发布地理信息的，所以无论是全球范围的任何地方，任何一个 Internet 用户都可以通过 WWW 协议来访问提供的地理信息服务，公众能够方便快捷地查询地理信息和其他服务。

（2）公众化服务。随着 Internet 的发展，网络已经进入了普通家庭，Web GIS 可以给更多的用户，特别是普通老百姓服务，而以往的 GIS 都是由国家制作，并为国家部门的决策服务。随着相关技术的发展，Web GIS 已经可以为公众进行服务，并且很多插件和控件都是厂商免费提供的服务软件，降低了服务成本和技术负担，显著扩大了用户范围，使用户对信息发生的地域有了感观上的认识。

（3）良好的可扩展性。随着 Web 2.0 的发展，Web GIS 一般采用 BS 模式，可以和很多其他信息服务相结合，扩展了 GIS 的应用范围。随着现在软件体系结构的发展，

GIS 的开发和其他信息的开发可以良好地分离，从而提升了 Web GIS 开发的可扩展性和独立性。

（4）跨平台特性。现在随着各行各业应用环境的不同，使用的操作系统、数据库、浏览器和开发软件也不尽相同，以前的 GIS 厂商虽然为不同的操作系统（如：Windows 系列、UNIX 等）提供了相应的支持，但没有一个可以实现真正的跨平台，限制了 GIS 的发展，而随着 Java 的出现和 J2EE 的发展，能够做到很好的跨平台特性。

但是随着服务对象的变化和需求的变化，地理信息数据迅速膨胀，Web GIS 虽然发展很快，但仍处于初级阶段，提供的各种解决方案都不十分成熟。所以对于尚未成熟的 Web GIS 来说，尚面临着严峻的考验和一系列的技术难点。

（1）由于空间地理信息数据量一般非常庞大，特别是在网络上，包括空间地理的大小、色彩的多少、精细化程度都决定了空间地理信息的复杂度，再加上地理信息操作处理的繁简度，以及网络传输的限制和硬件设备的配置，都和 Web GIS 的访问速度和处理快慢有着联系，所以数据传输已经成为 Web GIS 架构模型的技术瓶颈和难点。

（2）GIS 系统有独立的数据结构、运行平台和支撑环境。在进行网络化的时候，和 Web 之间的融合会出现一些问题，如数据形式的转换等。并且地理信息数据由专门的机构收集，和公众服务之间存在数据共享的矛盾。大量空间数据需要自行建设导致空间数据重复建设，造成人力和资源的浪费。

（3）传统的 Web GIS 需要通过 HTML 来进行信息的传输和表达，但 HTML 是静态的，无法满足现在动态数据的表示和传输，特别是地理信息还要和其他信息服务相结合，无法解决地理信息和其他信息联动的需求，客户端与服务器之间的数据传输和表示无法进行，需要在 Web GIS 和 HTML 之间建立一种缓冲机制来完成。

随着 Internet 的发展及其相关技术的发展和完善，尤其是 WWW 技术的出现，使早期只能提供远程登录（Telnet）服务、文件传输（FTP）服务和电子邮件（E-mail）服务等面向字符服务的互联网，成为一个包含各类信息，面向各种用户的互联网。网络化分布式 GIS 支持 Internet 网络通信协议（TCP/IP）和文本传输协议（FTP）及超文本传输协议（Hypertext Transfer Protocol，HTTP），采用标准的超文本标识语言，以网络浏览器为工作平台，用来检索和发送各种文本项目件、数据表格及图形数据文件。

2.1.1.2 Web GIS 的技术发展

随着 Web GIS 应用的扩展和技术的不断进步，Web GIS 的实现技术也在不断发展。较早使用的基于 CGI（Common Gateway Interface）公共网端接口的方法，它是 HTML 的一种扩展，需要有 GIS 服务器在后台运行。通过 CGI 脚本，将 GIS 服务器和 Web

服务器连接，客户端的所有 GIS 操作和分析都是在 GIS 服务器上完成的。

它的工作原理是用户在浏览器客户端发出一个 URL（Universal Resource Locator）及 GIS 查询请求，通过 Internet 将该请求提交至服务器，服务器端根据请求通过环境变量启动 GIS 应用程序，并根据提交的命令行参数来进行地理信息的查询，如放大、缩小、漫游、查询、分析等，然后将查询的结果以 HTML 的形式传送给服务器，最后 GS 服务器将 GIF 或 JPEG 图像，通过 CGI 脚本、Web 服务器返回给 Web 浏览器。这种方法对地理信息的处理主要是交给服务器来进行，所以通过后台 GIS 应用程序实现的功能比较强大，服务器的资源利用率比较高，客户端的负荷比较小，跨平台性能也不错，但是对网络的要求比较高，网络负荷重，因为传输的数据量比较大，运行速度也相对较慢，一旦访问的客户数量较多，服务器的负荷较大，会造成用户请求竞争服务器的有限资源现象，并且面向对象的能力很弱。但由于 CGI 技术应用比较成熟，其应用比较广泛。

另外出现较早的是基于 Server API 技术的方法，基于 Server API 的方法是基于对 CGI 技术的改进，比较流行的有 Microsoft 的 SAPI 和 Netscape 的 NSAPI。它们提供了进程间 DLL、服务器插件或者是 ORB 对象的方案来协调服务器和客户端之间的通信，所以它的运行效率比 CGI 要高。但由于 Server API 的标准不一样，所以服务器端和服务器程序联系密切，可移植性差，可维护性弱，网络通信量仍然很大，很难进一步提高速度。

另外，最近比较常用的是基于构件对象模型，它有两种实现模式：一种是 Object Management Group 和 Java Soft 公司提出的 CORBA/Java 标准；另一种是 Microsoft 公司推出的 DCOM/ActiveX 标准。

Java 是美国 Sun 公司 1995 年推出的一种程序设计语言，它具有跨平台性、简单、动态性强、运行稳定、分布式、安全、容易移植等特点，是互联网上流行的语言。

Java Applet 是由面向对象语言 Java 开发的小应用程序，嵌入在 HTML 文件中，在网络浏览器下载该 HTML 文件时，Java 程序的执行代码页同时被下载到用户端的机器上，由浏览器解释执行。Java Applet 与 Web 浏览器紧密结合，以扩展 Web 浏览器的功能，完成 GIS 数据操作和 GS 处理。GIS Java Applet 最初为驻留在 Web 服务器端的可执行代码。在通常情况下，GIS Java Applet 包含在 HTML 代码中，并通过<APPLET>参考标签来获取和引发，它能完成 GIS 数据解释和 GIS 分析功能。基于 Java 标准的跨平台性很强，可以动态运行、无须预先安装、安全性高、与操作系统和运行平台无关，它主要是通过 Java Applet 小程序来实现客户端对地理信息的操作，同时还可以通过 JDBC 来实现数据库的交互功能。但是 Java Applet 技术运行效率有限，它的功能全部在客户端实现。客户端的负荷大，对地理信息的处理能力不强，特别是对于处理大型的 GIS 分析任务（如叠置、资源分配等）的能力，无法与 CGI 模式相比；GIS 数据的保存、分析结果的存储和网络资源的使用能力会受到限制。

ActiveX 是 Microsoft 为适应互联网而发展的标准。ActiveX 是建立在 OLE（Object Linking and Embedding）标准上，为扩展 Microsoft Web 浏览器 Internet Explorer 功能而提供的公共框架。基于 ActiveX 控件技术的运行效率比基于 Java Applet 技术的要高，ActiveX 控件的兼容能力很强，可以在服务器端采用原来的 CGI、ISAPI 等技术，然后再运用 HTML 和脚本语言可以很好地表达地理信息，GIS 服务器和网络的负载小，快速处理能力强，但是只能在 Windows 操作系统中运行，跨平台能力较弱。综上所述，两种技术各有各的优点，需要根据需求来进行选择。

目前另外一种解决方案是图片式的 Web GIS 技术，有两种图片实现模式：一种是矢量地图，一种是栅格地图。在栅格表达中，地理空间被划分为许多矩形（多为正方形）单元格，所有的地理变量由这些单元格所赋的属性值来表达。这些单元格常称为像元。栅格数据主要来自遥感影像、航片、数码相机以及扫描数据。栅格数据像元有宽度，表示图像空间分辨率，图像分辨率越高，其对应的栅格数据量呈指数增加。采用栅格技术，不需要在客户端安装任何程序，但是只能获得鼠标的纵坐标和横坐标的值,然后每次操作传递纵坐标和横坐标值服务器根据传递的坐标值来实现地图的缩放、漫游和查询，并将生成的栅格地图传到客户端显示。由于空间地理信息的复杂和数据传输量大，所以网络传输速度慢，服务器负荷大。

2.1.2 ArcMap 技术

2.1.2.1 ArcGIS 概述

ArcGIS 是 ESRI 在全面整合了 GIS 与数据库、软件工程、人工智能、网络技术及其他多方面的计算机主流技术之后，成功地推出了代表 GIS 最高技术水平的全系列 GIS 产品。ArcGIS 是一个全面的，可伸缩的 GIS 平台，为用户构建完善的 GIS 系统提供完整的解决方案。ArcGIS 的基本体系能够让用户在任何需要的地方部署 GIS 功能和业务逻辑，无论是在桌面、服务器、网络还是在野外服务器 GIS（Server GIS）：Arc GIS Server、ArcIMS 和 ArcSDE 用于创建和管理基于服务的 GIS 应用程序，在大型机构和互联网上众多用户之间共享地理信息。Arc GIS Server 是一个中心应用服务器，它包含一个可共享的 GIS 软件对象库，能在企业和 Web 计算框架中建立服务器端的 GIS 应用。ArcIMS 是通过开放的 Internet 协议发布地图、数据和元数据的可伸缩的网络地图服务器。ArcSDE 是在各种关系型数据库管理系统中管理地理信息的高级空间数据服务器。

嵌入式 GIS（Embedded GIS）：Arc GIS Engine 是一个完整的嵌入式 GIS 组件库和工具包，开发者能用它创建一个新的或扩展原有的可定制的桌面应用程序。使用 Arc GIS Engine，开发者能将 GIS 功能嵌入已有的应用程序中，如基于工业标准的产品以及一些商业应用，也可以创建自定义的应用程序，为组织机构中的众多用户提供 GIS 功能。

桌面 GIS（Arc GIS Desktop）：ArcGIS 桌面 GIS 软件产品是用来编辑、设计、共享、管理和发布地理信息和概念。ArcGIS 桌面可伸缩的产品结构，从 Arc Reader，向上扩展到 Arc View、Arc Editor 和 Arc Info。目前 Arc Info 被公认为是功能最强大的 GIS 产品。通过一系列的可选的软件扩展模块，Arc GIS Desktop 产品的能力还可以进一步得到扩展移动 GIS（Mobile GIS）：Arc Pad，支持 GPS 的无线移动设备，越来越多地应用在野外数据采集和信息访问中。ArcGIS 桌面和 Arc GIS Engine 可以运行在便携式电脑或平板电脑上，用户可以在野外进行数据采集、分析乃至制定决策。

2.1.2.2 ArcMap 介绍

ArcMap 为美国环境系统研究所（Environment System Research Institute）开发的 ArcGIS 桌面产品之一，是其桌面产品中的一个核心的应用程序。它具有基于地图的所有功能，是一个用于编辑、显示、查询和分析地图数据的以地图核心的模块，包含一个复杂的制图和编辑系统，既是一个面向对象的编辑器，乂是一个完整的数据表生成器。ArcMap 提供了数据视图（Data View）和版面视图（Layout View）两种浏览数据的方法，在地理数据视图中，用户无须关心诸如指北针等的地图要素就可以与地图进行交互，能对地理图层进行符号化显示、分析和编辑。GIS 数据集内容表界面（Table of Contents）帮助你组织和控制数据框中 GIS 数据图层的显示属性，数据视图是任何一个数据集在选定的一个区域内的地理显示窗口；版面视图也叫地图布局视图，是一个包含制图要素的虚拟页，它显示数据窗口中的所有数据。几乎所有能在数据视图中对数据进行的操作都可以在视图版面中完成，可以处理地图的页面，包括地理数据视图和其他地图元素，比如比例尺，图例，指北针和参照地图等。通常，ArcMap 可以将地图组成页面，以便打印和印刷。

ArcMap 是 ArcGIS 的数据编辑工具，它提供了强大的数据编辑功能，可以编辑 ArcGIS 中的任何矢量数据格式如 Shapefile、Geodatabase Feature Dataset。编辑功能主要包括要素编辑、拓扑编辑、属性编辑、注记编辑、尺度编辑、关系和相关对象编辑等。根据实际工作需要对空间数据进行关联编辑，ArcMap 中的关联分为两种类型，分别为 Join（连接）和 Relate（关联）。Join 不能用于一对多。所谓的“一是指原表（即要连接的表）中只有一条记录，“多”是指目标表（即被连接的表）中有多条记录与要连接的表中的“一”相对应。Relate 只可读不可写，是临时的逻辑关系，只能保存在图层文件或地图文档中，无法单独存储。在 ArcMap 中要素类和相关的要素类表中创建一个连接（Join）的必要条件是两者之间必须有相同的值。两者一旦建立了关联，就能从一方中查询到另一方的信息，通常要素有很多的属性，当你需要的信息在当前要素类或表中没有的时候，你就能从相关的要素类或表中获取。通过关联字段建立关联后也可以更改原表中某个或多个字段值或为其增加所需的字段值同时还可以进行数据挖掘发现数据的空间规律。

2.1.3 VML 绘图技术

2.1.3.1 数据编码技术与标准

地理空间互联网络作为全球信息基础架构的一部分，已成为互联网上技术追踪的热点。许多公司和相关研究机构通过 Web 将众多的地理信息源集成在一起，向用户提供各种层次的应用服务，同时支持本地数据的开发和管理。目前比较流行的基于 XML 的可用来描述矢量图形的标记语言有 3 种，分别是 GML（Geography Markup Language）、VML（Vector Markup Language）、SVG（Saleable Vector Graphics），它们都是 XML 词表，其语法并不难理解，但都有各自不同的用途和特点。这些技术的出现是地理空间数据数据管理的一次飞跃。

可扩展标记语言（Extensible Markup Language，XML）基于标准通用标记语言（Standard Generalized Markup Language，SGML）。XML 是互联网环境中跨平台的，依赖于内容的技术，是当前处理结构化文档信息的有力工具。其功能比 HTML 更加强大，不再是固定标记，允许定义数量不限的标记来描述文档中的数据，允许嵌套的信息结构，并提供了一种直接处理 Web 数据的通用方法。

在 XML 文件中，用户扩展的标记有 China、City、Name、Temperature wind，通过这些标记能方便地对图书的各类属性数据进行表达与传输。目前，XML 已被广泛接受，大量针对互联网应用的标准在此基础上进行了扩展，形成了能为不同领域服务的标准。

在地理空间领域 Open GIS 联盟（OGC）于 2000 年 4 月推出了地理标记语言（Geography Markup Language，GML），一种基于 XML 的对地理信息（包括地理特征的几何和属性）的传输和存储的编码规范，并在 2001 年 2 月制定了更为完善的 GML2.0

版本，得到了许多公司的大力支持，如 Oracle、Galdos 等。GML 基于 XML 用文本表示地理信息，封装了地理信息及其属性，封装了空间地理参考系统，可以实现地理数据的分布式存储。2GML 为 Web GIS 的空间数据编码提供了一种开放式的标准，它以 OGC 所倡导的地理抽象模型为基础，使用特征来描述现实世界。特征由一些非空间的属性信息和几何信息组成。属性内容包括名称、类型、描述等，几何信息则包括点、线、面等。

GML 能够对地理空间数据进行高效编码，具有良好的可扩展性，能实现空间与非空间数据在内容和表现形式上的分离，实现空间几何元素同其他空间或非空间元素的联结，提供的公共地理建模对象能够使各自独立开发的应用之间进行互操作。

矢量标记语言（Vector Markup Language，VML）是一种基于 XML 的标记语言，它最初是一个由 Microsoft 开发的词表现在 WML 只有 IE5.0 以上的版本提供支持。像 XML 一样，它的核心也是基于 HTML 的。ML 支持广泛的矢量图形特征，它们基于由相连接的直线和曲线描述路径，VML 与 HTML 兼容，通过在 HTML 中声明 VML 命名空间并声明处理函数，就可以和其他 HTML 元素一样使用 WML 元素，在客户端浏览器显示图像。但 VML 的功能不只是绘图，它还可以在图形中嵌入文本，并可实现超链接，还可通过脚本语言实现一定的动画功能。

可缩放的矢量图形（Saleable Vector Graphics，SVG）是国家互联网标准组制定的一种新的基于 XML 的开放的二维矢量图形描述语言，也是规范中的网络矢量图形标准。SVG 图像是与 XML0 兼容的文档，SVG 严格遵从 XML 语法，SG 元素是指示如何绘制图像的一些指令，阅读器（Viewer）解释这些指令，把 SVG 图像在指定设备上显示出来。SVG 用文本格式的描述性语言来描述图像内容，因此是一种和图像分辨率无关的矢量图形格式，使用 SVG 可以在网页上显示出各种各样的高质量的矢量图形，SVG 规范定义了 SVG 的特征、语法和显示效果，包括模块化的 XML 命名空间（namespace）和 SVG 文档对象模型（DOM）。SVG 的绘图可以通过动态和交互式方式进行。在实际操作中则是以嵌入方式或脚本方式来实现的。SVG 图形格式易于修改和编辑，能与现有技术互动融合，可以通过文字索引实现基于内容的图像搜索，支持多种滤镜和特殊效果，可以用来动态生成，采用矢量图像用点和线来描述物体。这些特性使 SG 能够支持任意放缩、文本独立，同时 SVG 具备文件较小、显示效果与颜色控制强等优势。SVG 作为 W3C 组织正式推荐的图像格式，拥有众多的支持机构。像 Adobe 公司已经宣称将在推出的 Adobe 图像处理套件如 Illustrator、Photoshop、Golive 和 Cyber Studio 中集成 SVG 的全部功能，并且还提供 Netscape 和 Navigator 的插件，以便使其能够直接支持 SVG 文件的浏览。

GML、SVG、VML 都与矢量图形有着密切的关系：GML 在表示实体的空间信息的同时加入了实体的其他属性信息，是表示实体的空间信息和属性的编码标准，但它并不支持直接显示图形。而 VML 和 SVG 是在表示图形矢量信息的同时加入了图形的显示信息（即以什么样的样式显示矢量图形），是显示矢量图形的两种比较好的格式。相比之下，SVG 是综合了 ML 的优点后推出的，是国际标准，它比 VML 具有更多的优点，也有更广阔的前景。但由于 VML 有 IE 的支持，而 SVG 要想在浏览器中显示就需要安装插件，在这一点上，VML 优于 SVG。

2.1.3.2　VML 绘图技术

VML 的基本规则是单个的元素被定义为形状，大多数形状是由矢量路径描述的，它提供了一些预定义的形状，如直线、曲线等。VML 形状可以单独产生，也可多个形状相关。因为各个形状本身都包含了自身的特征比率信息，所以整个组可以扩展而不会影响到其中包含的内容。VML 定义的 WEB 矢量图形具有易扩展、可重用、存储量小、易于与页面上其他组成部分交互、任意放大缩小而不损失图形质量等优点。

在 VML 中使用 Shape 和 Group 两个基本的元素。这两个元素定义了 ML 的全部结构。Shape 描述一个矢量图形元素，而 Group 用来将这些图形结合起来，这样它们可以作为一个整体进行处理。

Shape 对象是 WML 最基本的对象，它最主要的属性是 Path，利用其可以画出所有想要的图形。Shape 对象派生出来的一些对象包括矩形（Rec）、圆（Owa）、直线（Line）、折线（Polyline）、弧段（Arc）等。

Group 容器能让一系列的 VML 对象使用共同的坐标系。基本上超过一个 VML 对象的页面都使用 Group。使用 Group 还有个好处，就是可以通过动态改变 Coordsize 值来放大或缩小整个 Group 里面的 VML 对象。利用基本图形可以输出简单的矢量地图。还可以在容器里添加统计图表所需要附加的 ML 对象，如曲线图（走势图），看起来是曲线，其实细分起来就是由一段段小折线所组成的。

由于 VML 生成的地图是矢量的，故对其进行缩放不会改变图形质量。对其进行缩放的本质就是重新计算地物在其坐标系统中的坐标。

2.1.4　增强图元文件

在计算机显示的图形中一般有两种图形实现方式：一种是位图，一种是矢量图。增强图元文件（Enhanced Meta File，EMF）作为一种矢量图形文件，与平常的位图有很多不一样的特点。矢量图也被称为面向对象的图像或者绘图图像，在数学上它是由一系列的点根据图形的几何特性来进行绘制图形。矢量图是面向对象的图形，每个对象对应于矢量文件中的一个图形元素，每个对象都是一个单独的实体，它有自己独特的属性值，例如对象的颜色、形状、大小、轮廓以及在屏幕上的坐标位置，这些对象都是通过数学公式计算出来的一些点、线圆、弧线、多边形、矩形等图形。由于每个对象都是一个独立的实体，与其他对象之间没有必然的联系，所以在移动和更改对象的属性值时，矢量图中的其他对象不会受到它的影响，而且还能保持对象原来的清晰度和曲折度。由于矢量图是通过数学公式进行计算得到的，所以可以通过软件来进行绘制。图形占用的内在空间比较小，它是各个独立的分离对象组成的，可以通过不同的组合实现各种不一样的形状。矢量图最大的优点是它无论放大和缩小都不会改变形状、不会失真，并且和屏幕的分辨率没有关系，能够适应任何比例的分辨率。

增强图元文件是空间地理信息的一种图示表达服务，提供了支持空间信息可视化的各种特定功能。图示表达服务是拥有一个或多个输入，能够产生相应描述输出的构件。这些服务能够与数据、处理等服务建立紧耦合或者松耦合的关系，也能够被嵌入服务的“价值链”之中，以执行某些特定的处理。主要的描述服务有两类：一类是 Web 地图服务（Web Map Service，WMS）它能够根据用户的请求返回相应的地图。这里地图不是指元数据本身，而是指空间地理数据的可视化形式，包括 PNG、GIF 或者 JPEG 等栅格形式，或者 SVG 和 Web CGM（Web Computer Graphics Metafile）等矢量形式，增强图元文件是 Web CGM 中的一种。另一类是栅格图层的图示表达服务（Coverage Portrayal Service，CPS），它是指从栅格图层数据生成可视化图片的服务。通常情况下，这些栅格图层数据是从 Web 栅格图层服务（Web Coverage Service，WCS）实例中获得的该服务开展了网络地图服务接口，并利用样式图层描述符语言（Style Later Description，SLD）来支持网络栅格图层服务的栅格图层的图示表达。

增强图元文件是由 Microsoft 公司开发的 Windows32 位扩展图元文件格式。其总体设计目标是要弥补在 Microsoft Windows31（Win6 中使用的 wmf 文件格式的不足，使得图元文件更加易于使用。）

增强图元文件是一种矢量图形文件。增强图元文件的存储和显示区别于其他格式文件，在文件内部存储的是图形设备接口 GDI（Graphics Device Interface）函数，不同于位图文件中的像素 EMF 文件中记录着每一个 GDI 函数及其参数信息，显示时通过这些函数实现图形的重绘，具有存储空间小、图形缩放不失真的优点，真正做到与设备无关。EMF 由 EMF 文件头、GDI 函数、EMF 文件尾部分构成。文件的第一条记录（即文件头）记载了图形创建时的作者信息、图形尺寸、GDI 函数个数等内容。最后一条记录（文件尾）标志文件的结束。中间的所有记录构成 EMF 的主体，记载着绘画中用到的每个 GDI 函数。应用程序在打开 EMF 时，执行文件中的每个 GD 函数得到图像；保存时，产生 GD 函数并写入 EMF 文件。

2.1.5 矢量图形绘制技术

矢量图形是计算机图形学中用点、直线或者多边形等基于数学方程的几何图元表示图像，又称之为面向对象的图形或者是绘图图形。数学上把矢量图形定义成一系列由线连接的点。在矢量文件中每个图形元素都是自成一体，属性包括大小、颜色、轮廓、形状以及屏幕位置等。矢量图形与位图使用像素表示图像的方法有所不同。简单来说，矢量图形是指使用计算机技术合成的图像。

矢量图形具有以下特点：

（1）文件小。由于图形中保存的是线条和图块的信息，因此矢量图形文件和分辨率和图形大小无关，只与图形的复杂程度有关，简单图形所占的存储空间小。

（2）图形大小可以无级缩放。在图形进行缩放、旋转或变形操作时，图形仍具有很高的显示和印刷质量，而且不会产生锯齿模糊效果。

（3）采取高分辨率印刷。矢量图形文件可以在任何输出设备及打印机上以打印或印刷机的最高分辨率进行打印输出。

由于矢量图形具有以上优点，故本绘图系统采用矢量图形的绘制方法来绘图，组合的图形也全部是矢量图形的形式。

2.1.5.1 基础资料

基础资料主要包括内容有电网设备基础信息、地理资料、地震动参数资料、断裂带资料、历史地震资料、电网运行数据等。

（1）电网设备基础信息：

输电、变电和配电设备的名称、电压等级、经纬度坐标、抗震设防等级等。

（2）地理资料：

地理边界图层文件，数据格式符合 GB/T 17798 要求。

（3）地震动参数资料：

地震动峰值加速度与地震动加速度反应谱特征周期数值。

（4）断裂带资料：

各断层名称、位置、年代等资料。

（5）历史地震资料：

历史上发生的大中小地震的位置、频数、震级大小等。

（6）电网运行数据：

电网风险情况、设备风险情况。

2.1.5.2 分级原则

1. 地震动参数风险等级

地震动参数风险等级与该地区依据《中国地震动参数区划图》（GB 18306—2015）确定的地震动峰值加速度相关，如表 2-1 所示。

表 2-1 地震动峰值加速度风险等级划分

地震动峰值加速度/*g*	风险等级
0.05～0.15	一
0.2	二
0.3	三
0.4	四

2. 断裂带风险等级

断裂带风险等级与该地区到最近断裂带的距离相关。与断裂带距离风险等级划分如表 2-2 所示。

表 2-2 与断裂带距离风险等级划分

与断裂带距离/km	风险等级
>5	一
>1 且≤5	二
>0.5 且≤1	三
≤0.5	四

3. 电网地震灾害风险等级

地震灾害风险等级原则上按照地震动参数风险等级、断裂带风险等级和设备抗震设防等级关联后获得。

2.1.5.3 绘制程序

1. 绘制步骤

电网地震灾害分布图绘制程序包括地震动参数分布图层的生成、断裂带分布图层的生成、电网地震灾害风险分布图层的生成和成图几个步骤。

2. 地震动参数图层

依据《中国地震动参数区划图》（GB 18306—2015）完成地震动参数图层的绘制。

3. 断裂带图层

依据活动断裂带数据完成断裂带图层绘制。

4. 电网地震灾害风险图层

按照所述原则对本地区进行电网地震灾害风险分级。

结合设备风险及电网风险情况，以及近 5 年地震频繁发生的地区，将地震风险等级酌情升高，得到电网地震灾害风险分布图层。

5. 成　图

（1）历史地震信息。

在电网地震灾害风险分布图层的基础上，叠加本地区近 5 年历史地震发生数据，按照图例、图名及附加信息的要求出具专题图，得到电网地震灾害分布图。

（2）图例。

电网地震灾害分布图图例见表 2-3。

表 2-3　电网地震灾害分布图图例

含义	示例
一级地震风险	①
二级地震风险	②
三级地震风险	③

续表

含义	示例
四级地震风险	④
指北针	N
比例尺	100 0 100 200 300 km

（3）图名。

图名统一命为："XX 电网地震灾害分布图"，如"南方电网地震灾害分布图"，位置：全图正上方居中。

（4）附加信息。

电网地震灾害分布图附加信息包括：

① 数据年限：采用"数据年限：XXXX 年—XXXX 年"，表示用于绘图的数据、运行数据年份。标注于边框内左下角。

② 绘制单位：采用"绘制单位：XXXX"的格式。标注于数据年限下方。

③ 版本信息：采用"XX_XXXX"的格式，下划线前为地区名拼音首字母，下划线后绘制年份，标注于绘制单位下方。

2.2 地震动峰值加速度提取及矢量图绘制技术

地震动峰值加速度提取属于空间插值分析。空间插值分析方法将离散的测量数据转换为连续数据表面。分类方式有多种：按区域范围分为整体插值、局部插值、边界内插法等；按插值标准分为确定性插值、地统计插值。

空间插值分析方法是一种应用于将离散的测量数据转换为连续数据表面的算法，能够将连续数据曲面与其他空间现象的分布情况进行比较，它在空间信息方面具有广泛的应用场景。

在空间数据中，具有不均匀位置分布的数据被称为离散数据，在平面二维地理空间的定位中，离散数据的坐标由不规则分布的离散样本的平面坐标实现。高程和属性值通常用作第三维数据。空间插值则是一种通过这些离散的空间数据计算未知空间数据的方法，它是基于“地理学第一定律”的基本假设：空间位置上越靠近的点，具有相似特征值的可能性越大，而距离远的点，其具有相似特征值的可能性越小。它通常用于将离散点的测量数据转换为连续数据表面，以便于比较其他空间现象的分布情况。

空间插值分析算法的分类方式有多种：按插值的区域范围分类，可以分为整体插值、局部插值、边界内插法等；整体插值是用研究区的所有采样点进行全区特征拟合，在整体插值方法中，整个区域的数值会影响单个插值点的数值，同样单个采样点的数值的增加、减少或删除对整个区域的特征拟合都有影响，代表性插值方法具有趋势面分析插值方法等。局部插值是使用相邻数据点来估计未知点的值，首先定义邻域或搜索范围，然后搜索属于该区域的数据点，然后选择可以表示此有限点空间变化的数学函数，最后通过计算为该邻域或者该区域内的未知点赋值，代表插值方法有样条函数插值法、反距离权重插值法、克里金（Kriging）插值法等。边界内插规则假设值和属性的任何变化发生在特定区域的边界线上，并且边界内属性的变化是均匀和同质的，主要的插值法是泰森多边形法。

按照插值标准分类，可以分为确定性插值、地统计插值。确定性插值法主要采用数学公式，利用函数的方法来进行插值，这种方式用来研究某区域内部的相似性，其代表插值法有反距离加权插值法等。地统计插值法是基于空间自相关性的，由观测数据产生具有统计关系的曲面，代表插值法是 Kriging 插值法。

2.2.1 加速度提取方法

典型加速度提取方法包括泰森多边形、反距离权重插值、样本函数插值、克里金插值等。

2.2.1.1 泰森多边形

荷兰气候学家 A.H.Thiessen（泰森）提出泰森多边形法，根据离散分布的气象站的降雨量来计算平均降雨量，所有相邻气象站以三角形连接，在三角形的每一边作垂直平分线，因此气象站周围有几个垂直平分线包围的多边形。用某多边形内所包含的单独的气象站的降雨强度来表示该多边形区域内的降雨强度，该多边形称为泰森多边形。如图 2-2 所示，图中虚线形成的多边形就是泰森多边形，*A*、*B*、*C*、*D* 分别为离散观测点，一个泰森多边形内仅包含一个离散观测点，泰森多边形的每个顶点都是每个三角形的外接圆心。泰森多边形也被称为 Voronoi 图或 Dirichlet 图。

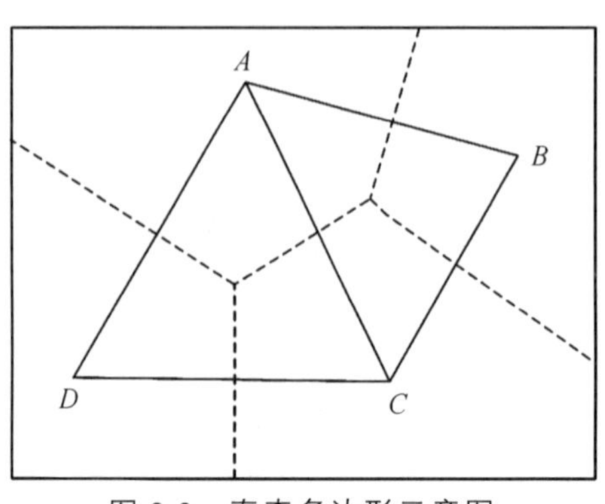

图 2-2　泰森多边形示意图

泰森多边形利用离散观测点的值对该点所在的区域进行赋值，得到的结果往往是数值的变化只发生在多边形的边界上，而多边形内部的数值则是均匀、同质的，其数学表达式为：

$$V_e = V_i \tag{2-1}$$

其中，V_e 表示待插值点的距离，V_i 表示 i 点的离散观测值，i 点必须满足如下条件：

$$d_{ei} = \min(d_{e1}, d_{e2}, \cdots, d_{en}) \tag{2-2}$$

其中，d_{ij} 表示点 $i(x_i, y_i)$ 与点 $j(x_j, y_j)$ 间的欧几里得距离。

泰森多变形的关键是将离散观测点合理地连接到三角网络中，即构造 Delaunay 三角网络，构建泰森多边形步骤如图 2-3 所示。

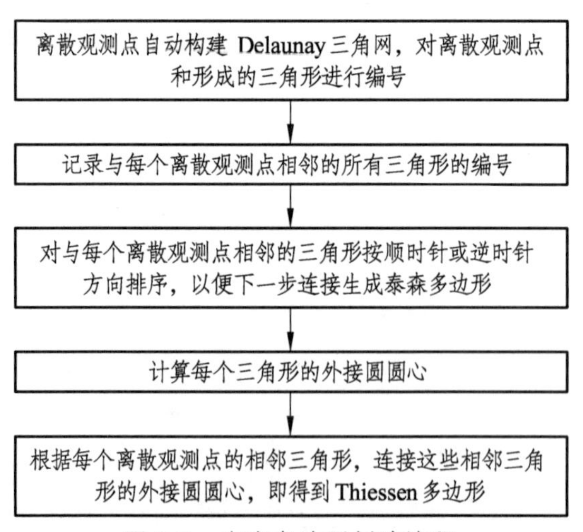

图 2-3　泰森多边形创建流程

泰森多边形反映了离散观测点的空间控制范围或者是势力范围，它适用于较小区域范围内空间变异性不高的情况，距离近的点比距离远的点更相似，比较符合人的逻辑思维。同时，它的实现不需要其他前提条件，效率高，方法简单，但是受样本观测值的影响较大，没有考虑因素、变量以及其他某些规律，只考虑距离因素，实际效果不是很理想。

泰森多边形插值法也在进行不断改进发展，其中自然领域法就是改进的一种。它的基本原理是在插值点创建一个新的多边形，新多边形与原始多边形的重叠比例作为观测点数值的权重，通过这种方式计算插值点的估计值。

泰森多边形适用于样本点分布均匀的较小区域内空间变异性不明显的场景，允许少量的数据缺失。它可应用于气象降水、无线网络规划、计算机视觉等领域的定性分析、统计分析以及邻近分析中。

2.2.1.2 反距离权重插值

反距离权重插值法（Inverse Distance Weight，IDW）最初由 Shepard 提出，后来经过持续不断的改进和发展。它的最重要的一个假设就是观测点对于插值点都会有局部影响，任意一个观测点的值对插值点值的影响都是随着距离的不断增加而不断减弱的，在估计插值点的值时，假设距离估计插值点最近的 N 个观测点对该插值点有影响，则这 N 个观测点对插值点的影响与它们之间的距离成反比关系。因此更接近插值点的观测点都被赋予的权重更大，而且权重的和为 1。

IDW 的数学表达式：

$$\widehat{Z}_0=\sum_{i=0}^{n}(Z_iQ_i) \tag{2-3}$$

式中，$\widehat{Z}_0$ 是点 (x_0,y_0) 处的估计值；Q_i 是估计插值点与观测点相对应的权重稀疏；n 是插值点的个数。

权重系数 Q_i 的计算是反距离加权算法的关键，通常由下式给出：

$$Q_i=\frac{f(d_{ej})}{\sum_{j=1}^{n}f(d_{ej})} \tag{2-4}$$

式中，n 是已知观测点的数量；$f(d_{ej})$ 是已知观测点与插值点之间已知距离 d_{ej} 的权重函数，最常用的一种形式是：

$$f(d_{ej})=\frac{1}{d_{ej}^{b}} \tag{2-5}$$

式中，b 是合适的常数，当 b 取值为 1 或 2 时，此时反距离倒数插值和反距离倒数平方插值。

反距离权重插值作为一种全局插值算法，它的所有离散观测点都将参与每一插值点数值的计算，同时，它也是一种精准插值，插值生成的曲面中的预测的观测值与实测的观测值完全一致。它综合了基于泰森多边形的自然邻域法和多元回归渐变方法的优点，不仅考虑了距离因子，还为邻近插值点的离散观测点根据距离分配权重，当出现各向异性时，还会考虑方向的权重。距离权重函数与从插值点到观测点的距离的幂成反比，随着观测点与插值点之间距离的不断扩大，权重呈现幂函数递减趋势。反距离权重插值与相关方法的比较如表 2-4 所示。

表 2-4　反距离权重插值与相关方法的比较

插值算法	实现思路	优势	不足	应用场景
反距离权重插值	任意一个观测点的值对插值点的影响都是随距离的不断增加而不断减弱的	简便易操作，考虑了距离与方向因素，结果较为合理，且对于数据来说是有意义的	易受数据集的影响，对权重函数也较为敏感	观察点数据集均匀分布且足够密度以反映局部差异
自然领域法	在插值点周围创建一个新的 Thiessen 多边形，这个新的多边形与原始多边形之间的重叠比例作为权重	效率高，方法简单，较为符合人的思维，在小区域且空间变异性低时适用	易受观测点数据集影响且只考虑距离因素	适用于线性不连续的地理空间
多元回归渐变方法	利用回归分析原理，采用最小二乘法拟合二维非线性函数，模拟空间观测点数值的分布	生成平滑表面，最适合整个观测点数据集的拟合面	在数据外围会产生异常突变的值	均匀分布且和空间相关性的观测数据集

IDW 简便易操作，不会出现无法解释的无意义结果，即使观测点数据集的变化波动很大，也能够得到一个比较合理的结果。但是，IDW 对权重函数的选择特别敏感，权重函数存在细微差别，会使生成的结果产生比较大的波动，而且易受观测点数据集的影响。由于数据集的影响，可能存在孤立的分布模式，其中部分点数据高于其他周围数据。

反距离权重插值适用于表现出均匀分布而且足够密集以反映局部差异的观测点数据集的场景，提供合理的插值结果，它普遍适用于当某个现象呈现出局部变异性的情况。

2.2.1.3　样本函数插值

样条函数 $S(x)$ 是一个分段函数，在区间内是一个连续可微的函数，如图 2-4 所示，给定一组节点：

$$a = x_0 < x_1 < \cdots < x_n = b \tag{2-6}$$

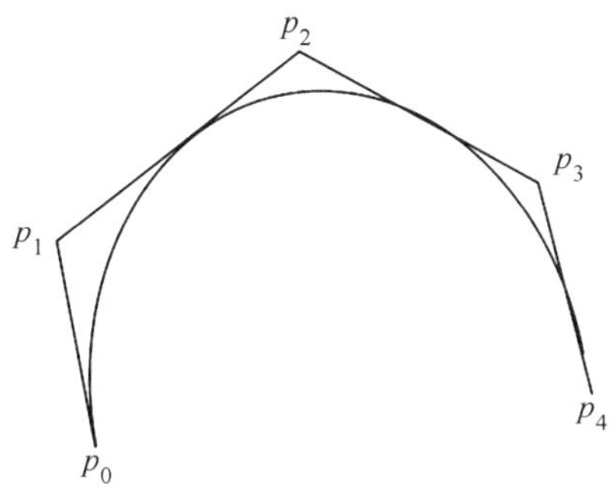

图 2-4　样条函数示意图

其中，$S(x)$ 满足在每个子区间 $[x_i, x_{i+1}](n = 0,1,2,\cdots,n-1)$ 上次数不超过 m 的多项式且在区间上由 $m-1$ 阶连续导数，则称 $S(x)$ 是定义 $[a,b]$ 在上的 m 次样条函数。

样条函数插值的目标是找到满足最佳平滑原理的曲面，并使用样本观察点以最小化曲面曲率拟合平滑曲线，使用最小化表面总曲率的数学函数来估计插值点的值，从而在输入之后生成平滑表面，其表达式：

$$\hat{Z}_0 = T(x, y) + \sum_{i=0}^{n} \lambda_i R(r_i) \tag{2-7}$$

式中，$\hat{Z}_0$ 是点 (x, y) 处的估计值；r 是预测点于样点之间的距离；n 是预测点的数量。

样条函数主要划分为规则样条函数和张力样条函数，两类函数对比如表 2-5 所示。

表 2-5　两类样条函数的比较

类型	思路	特点	应用
规则样条函数	使用可能已经超出样本数据范围的观测值来构建具有渐变趋势的平滑表面	将三阶导数加入最小化的条件中得到更加平滑的曲面	可获得平滑的表面和平滑的一阶导数表面
张力样条函数	利用建模现象的特性控制表面的硬度，使用在样本数据的范围内约束更为严格的观测值来构建不太平滑表面	将一阶导数添加到最小化的条件	插值的表面很平滑，阶导数连续但不平滑

对于规则样条函数，$R(r_i)$ 和 $T(x,y)$ 表达式如下所示：

$$T(x,y)=a_1+a_2x+a_3y \tag{2-8}$$

$$R(r_i)=\frac{\frac{r_i^2}{4}\left[\ln\left(\frac{r_i}{2\prod}\right)+c-1\right]+\tau^2\left[k_0\left(\frac{r_i}{\tau}\right)+c+\ln\left(\frac{r_i}{2\prod}\right)\right]}{2\prod} \tag{2-9}$$

式中，c 是实常数；a 是线性方程系数；τ 是权重系数；k_0 是校正贝塞尔函数；r_i 是从插值点到观测点的距离。

对于张力样条函数，$R(r_i)$ 和 $T(x,y)$ 表达式如下：

$$T(x,y)=a_1 \tag{2-10}$$

$$R(r_i)=\frac{1}{2\prod\phi^2}\left[\ln\left(\frac{r\phi}{2}\right)+c+k_0(r\phi)\right] \tag{2-11}$$

式中，c 是常数；a 是线性方程系数；ϕ 是权重系数；k_0 是改正后的贝塞尔函数；r_i 是插值点到观测点的距离。

样条函数插值速度快，且产生的视觉效果好，但样条函数插值的误差不能直接计算，适用于属性值在短距离内变化不大的区域范围。

2.2.1.4 克里金（Kriging）插值算法

克里金插值算法又称为空间自协方差最佳插值法，以变异函数理论和结果分析为基础，适用于区域化变量存在空间相关性，假设都是空间相关性，且所有的随机误差都具有二阶平稳性，其表达式：

$$\bar{\bar{Z}}_0=\sum_{i=0}^{n}\lambda_i Z_i \tag{2-12}$$

其中，$\bar{\bar{Z}}_0$ 是点 (x_0,y_0) 处的插值估计值，即 $z_0=z(x_0,y_0)$，这里 λ_0 是权重系数，它同样是用空间上所有已知观测点的数据加权求和来估计插值点的值，但权重系数不是距离的导数，而是一组最佳系数，它们能够满足点 (x_0,y_0) 处的插值估计值与真实的差最小，同时满足无偏估计的条件：$E(\hat{Z}_0-Z_0)=0$。

因此，插值点值的好坏完全取决于权重系数 λ_0，所有类型的克里金插值法的权重系数必须要满足最优性和无偏性的条件。

当 Z_i 的 $E(Z_i)=m$ 已知，则将这种克里金插值方法称为简单克里金插值法，用数学表示为：

$$\hat{Z}_0=\sum_{i=0}^{n}\lambda_i Z_i+m\left(1-\sum_{i=0}^{n}\lambda_i\right) \tag{2-13}$$

简单克里金插值法的插值点的精度很大程度上取决于 m 值的大小。

当 Z_i 的 $E(Z_i)$ 为未知常数，则将这种克里金插值法称为普通克里金插值法，求解权重系数的表达式为：

$$\begin{cases}\sum_{i=1}^{n}\lambda_i Cov(x_i,x_j)-\mu=Cov(x_i,x_j)\\ \sum_{i=1}^{n}\lambda_i=1\end{cases} \tag{2-14}$$

以上方程组中，μ 是拉格朗日乘子，协方差 $Cov(x_i,y_i)$ 可用变异函数 $\gamma(x_i,y_i)$ 表示：

$$\gamma(x_i,y_i)=\frac{1}{2}E[Z(x_i)-Z(x_j)]^2 \tag{2-15}$$

当 Z_i 的 $E(Z_i)=m(x_i)$ 时，即在插值区域内是非平稳的，协方差或变异函数已知，此时被称为泛克里金插值法，$m(x_i)$ 就是 x_i 的期望值，即漂移。泛克里金插值法是一种地统计学方法，它考虑到了有漂移的无偏线性估计量。泛克里金插值方法求解权重系数的方程组的表达式：

$$\begin{cases}\sum_{i=1}^{n}\lambda_i Cov(x_i,x_j)-\sum\mu_l f_l(x_i)=Cov(x_0,x_i)\\ \sum_{i=1}^{n}\lambda_i f_l(x_i)=f_l(x)\end{cases} \tag{2-16}$$

当研究某一阈值特异值时需要一种非参数统计学方法，称之为指示克里金插值法。对于某一区域观测值，任意指定阈值 z，引入指示函数 $l(x,z)$，表达式如下：

$$l(x,z)=\begin{cases}1, Z(x_i)\leqslant z\\ 0, Z(x_i)>z\end{cases} \tag{2-17}$$

其变异函数表达式：

$$\gamma(x,y)=\frac{1}{2N}\sum_{i=0}^{N}[l(x_i,z)-l(x_j,z)]^2 \tag{2-18}$$

当已知任意区域二维概率分布时，对插值点估计值的一种非线性统计法称为析取克里金插值。它是一种非线性、最小方差的无偏估计方法，其表达式如下：

$$\hat{Z}_0 = \sum_{i=0}^{n} f_i(Z_i) \tag{2-19}$$

式中，$f_i(Z_i)$为未确定函数，根据 Hermite 多项式的正交性用于拟合法向变形函数以估计插值点的值。

当利用多个区域变量之间的互相关性，通过建立模型用观测点的数据值对插值点数据值进行估计，被称为协同克里金插值，这是一种多变量地统计学研究的基本方法，是基于协同区域化变量理论。协同区域化是指定义在同一空间域，并且在统计及空间位置上具有一定程度相关性的区域化变量。协同克里金插值表达式：

$$\hat{Z}_0 = \sum_{k=1}^{K} \sum_{i_k=0}^{n_k} \lambda_{i_k} Z_{i_k} \tag{2-20}$$

从表达式可以看出，协同克里金插值的估计量是 K 个协同区域化变量的所有有效值的线性组合。

多种克里金插值法的比较如表 2-6 所示。

表 2-6　多种克里金插值法的比较

算法	类型	假设条件	特点
简单克里金插值	线性克里金法	区域化变量满足二阶平稳且期望为常数	估计值的精度应满足期望的准确度，期望值通常很难准确估计，估计值精度低
普通克里金插值	线性克里金法	区域化变量满足二阶平稳且期望为未知常数	较符合实际情况应用范围广
泛克里金插值	线性克里金法	区域化变量非平稳且期望有漂移	更符合实际应用中出现的漂移现象，结果更接近实际情况
指示克里金插值	非线性克里金法	引入阈值	无须去掉重要且实际存在的特异值，并给出概率分布
析取克里金插值	非线性克里金法	任意区域化变量的二维概率分布是已知的	用 Hermite 多项式拟合正态变形函数
协同克里金插值	协同克里金法	协同区域化的理论基础，区域化变量之间存在互相关性	估计值可以看作 K 个相关的区域化变量的表示

克里金插值算法适用于样本数据存在随机性和结构特性的场景，广泛应用于各类

观测的空间插值，如地面风场、降雨、土壤、环境污染等领域。

2.2.1.5 评价指标

采用交叉检验验证插值效果，计算各磁学参数在已知样点处的估计值与实际值之间的误差来评价插值精度。采用平均误差、均方误差、平均标准误差、标准化平均误差、标准化均方根误差评价插值结果。

$$ME=\frac{1}{N}\sum_{i=1}^{n}[Z(X_i)-Z'(X_i)] \tag{2-21}$$

$$MSE=\frac{1}{N}\sum_{i=1}^{n}[Z_1(X_i)-Z_2(X_i)] \tag{2-22}$$

$$ASE=\sqrt{\frac{1}{N}\sum_{i=1}^{n}[Z(X_i)-(\sum_{i=1}^{n}Z'(X_i))/N]} \tag{2-23}$$

$$RMSE=\sqrt{\frac{1}{N}\sum_{i=1}^{n}[Z(X_i)-Z'(X_i)]^2} \tag{2-24}$$

$$RMSSE=\sqrt{\frac{1}{N}\sum_{i=1}^{n}[Z'(X_i)-Z'(X_i)]^2} \tag{2-25}$$

式中，N 为已知样点数，实际值为 $Z(X_i)$，估计值为 $Z'(X_i)$，二者的标准化值分别为 $Z_1(X_i)$ 和 $Z_2(X_i)$。变异函数模型及参数是否合适按以下标准综合进行：平均误差 (*ME*) 的绝对值最接近于 0；标准化平均误差 (*MSE*) 最接近于 0，均方根误差 (*RMSE*) 越小越好；平均标准误差 (*ASE*) 与均方根误差 (*RMSE*) 最接近，如果前者较大，则高估了预测值，反之则低估了预测值；标准化均方根误差 (*RMSSE*) 最接近于 1，如果该值<1，则高估了预测值，反之则低估了预测值。

2.2.1.6 多插值算法分析验证

克里金法以空间统计学作为理论基础，可以克服内插中误差难以分析的问题，能够对误差作逐点的理论估计，不会产生回归分析的边界效应，插值精度较高，唯一性很强，外推能力较强。但其作为一种统计学方法，存在复杂、计算量大、运算速度慢、变异函数需要根据经验人为选定的缺点。

Thiessen 算法不需要对空间结构进行预先估计和统计假设，只进行局部区块的拟合，用以补充或修改局部区块的空间变量分布曲面，而不用处理不涉及局部区块修改的其他部分的数据，当表面很平滑时，也不牺牲精度。作为一种函数方法，难以满足对于利用有限的观测数据进行缺值预测和内插格网的精度要求，也难以对误差进行估计，样本点稀疏时插值效果不好。

反距离权重法计算开销少，具有普适性，不需要根据数据的特点对方法加以调整，当样本数据的密度足够大时，几何方法一般能达到满意的精度。但其作为一种几何方法，插值结果受 r 值的影响很大，根据不同 r 值估算的同一未知点的值会有很大的差别。当任何一个 $\mathrm{d}r_i = 0$ 时，该点权值为无穷大，导致该点的输出数据不连续，计算时会得到其实际值，在进行外插值时，反距离权重法会不恰当地将这些估计值回归为观测数据的平均值；当选用的插值距离的次数为偶数时，$\mathrm{d}r_i$ 为非负数，插值结果总是在最大值与最小值之间。

结合上述的空间插值算法的原理及应用，对 Thiessen 算法、反距离权重加权、样条函数以及克里金算法，从逼近程度、处理速度、推算能力以及适应方位进行对比。对比结果如表 2-7 所示。

表 2-7　空间插值算法对比

插值算法	逼近程度	处理速度	推算能力	适应范围
Thiessen 算法	3	3	4	2
反距离权重加权	4	4	1	2
样条函数	2	4	4	2
克里金算法	5	2	5	5

根据多种空间插值算法的对比结果，以及克里金算法的特点适用于样本数据存在随机性和结构特性的场景，广泛应用于各类观测的空间插值，地面风场、降雨、土壤、环境污染等领域。

2.2.2　站线抗震设防烈度关联分析技术

不同地震动参数在不同烈度区确定的仪器烈度与实际烈度相一致的比率有着不同的分布，本节尝试建立不同地震动参数组合与烈度的多元回归模型来计算仪器烈度，回归模型选择下式：

$$I = a + b\log A + c\log B + \sigma \tag{2-26}$$

式中，I为烈度；a、b、c为回归系数；A、B分别表示两种地震动参数值：σ为拟合标准差，求解过程如下：

假设随机变量η与$m(m \geqslant 2)$个自变量$x_1,x_2,\cdots,x_m$之间存在相关系，且满足下式：

$$\begin{aligned}&\eta = b_0 + b_1x_1 + b_2x_2 + \cdots + b_mx_m + \varepsilon \\ &\varepsilon \sim N(0,\sigma^2)\end{aligned} \tag{2-27}$$

即：

$$\eta \sim N\left(b_0 + b_1x_1 + b_2x_2 + \cdots + b_mx_m, \sigma^2\right) \tag{2-28}$$

其中，$b_0,b_1,b_2,\cdots,b_m,\sigma^2$是与$x_1,x_2,\cdots,x_m$无关的未知参数，$\varepsilon$是不可观测的随机变量。

$$E\eta = b_0 + b_1x_1 + \cdots + b_mx_m \tag{2-29}$$

η是对$x_1,x_2,\cdots,x_m$的回归函数，或称为m元线性回归方程。当$x_1,x_2,\cdots,x_{\mathrm{m}}$取$n$个不同值$(x_{in},x_{i2},\cdots,x_{im}),i=1,2,\cdots,n$时，由式$\eta$的样本$\eta_1,\eta_2,\cdots,\eta_n$满足：

$$\begin{aligned}&\eta_i = b_0 + b_1x_{i1} + b_2x_{i2} + \cdots + b_mx_{im} + \varepsilon_i \\ &\varepsilon_{\mathrm{i}} \sim \mathrm{N}(0,\sigma^2)\end{aligned} \tag{2-30}$$

现将上式用向量形式表示，记：

$$\boldsymbol{\eta} = \begin{bmatrix}\eta_1 \\ \eta_2 \\ \vdots \\ \eta_n\end{bmatrix}, \boldsymbol{X} = \begin{bmatrix}1 & x_{11} & \cdots & x_{1m} \\ 1 & x_{21} & \cdots & x_{2m} \\ \vdots & \vdots & & \vdots \\ 1 & x_{n1} & \cdots & x_{mm}\end{bmatrix}, \boldsymbol{\beta} = \begin{bmatrix}b_0 \\ b_1 \\ \vdots \\ b_m\end{bmatrix}, \boldsymbol{\varepsilon} = \begin{bmatrix}\varepsilon_1 \\ \varepsilon_2 \\ \vdots \\ \varepsilon_n\end{bmatrix} \tag{2-31}$$

则公式可表示为：

$$\begin{cases}\boldsymbol{\eta} = \boldsymbol{X}\boldsymbol{\beta} + \boldsymbol{\varepsilon} \\ \boldsymbol{\varepsilon} \sim N(0,\sigma^2\boldsymbol{I}_n)\end{cases} \tag{2-32}$$

式中，$\boldsymbol{X}$是已知的$n \times (m+1)$常数矩阵；$\boldsymbol{\beta}$是未知参数向量；$\boldsymbol{I}_n$是$n \times n$阶单位矩阵；σ^2是未知参数，确定的关系式为m元线性回归模型，这时也称$\eta = (\eta_1,\cdots,\eta_n)^{\mathrm{T}}$服从线性模型，简记为$(\boldsymbol{\eta},\boldsymbol{X}\boldsymbol{\beta},\sigma^2\boldsymbol{I}_N)$。由式（2-29）知：

$$\boldsymbol{E}\boldsymbol{\eta} = \boldsymbol{X}\boldsymbol{\beta} \tag{2-33}$$

设$\hat{b}_0,\hat{b}_1,\cdots,\hat{b}_m$分别是$b_0,b_1,b_2,\cdots,b_m$的估计，就可以得到一个$m$元性方程：

$$\hat{y} = \hat{b}_0 + \hat{b}_1x_1 + \cdots + \hat{b}_mx_m \tag{2-34}$$

则该式可以称为m元线性回归方程。

有了回归方程，当自变量$x_1,x_2,\cdots,x_m$分别取值为$x_{i1},x_{i2},\cdots,x_{sm}$时，把由上式确定的值：

$$\hat{y}=\hat{b}_0+\hat{b}_1x_{11}+\hat{b}_2x_{i2}+\cdots+\hat{b}_wx_{im} \tag{2-35}$$

作为η_i的估计回归值，它是上式中用自变量$x_1,x_2,\cdots,x_m$的来预测因变量η的取值。

和一元线性回归模型一样，对于m元线性模型$(\boldsymbol{\eta},\boldsymbol{X\beta},\sigma^2\boldsymbol{I}_N)$，也可以用最小二乘法求参数$b_0,b_1,b_2,\cdots,b_m$的估计，即求$\hat{b}_0,\hat{b}_1,\cdots,\hat{b}_m$使得：

$$\sum_{i=1}^{n}(y_i-\hat{b}_0-\hat{b}_1x_n-\hat{b}_2x_{i2}-\cdots-\hat{b}_mx_{in})^2=\min_{b_1,b_1\cdots,\cdots b_k}\sum_{j=1}^{n}(y_i-b_0-b_1x_n-b_2x_{i2}-\cdots-b_mx_{im})^2 \tag{2-36}$$

β的估计$\hat{\beta}^{\mathrm{T}}=\left(\hat{b}_0,\hat{b}_1,\cdots\hat{b}_{\mathrm{m}}\right)$称为$\beta$的最小二乘数估计。

设 $Q(b_0,b_1,b_2,\cdots,b_m)=\sum_{i=1}^{n}(y_i-b_0-b_1x_{i1}-b_2x_{i2}-\cdots-b_mx_{im})^2$ ，令 $\frac{\partial Q}{\partial b_j}=0, j=0,1,2,\cdots,m$

得：

$$\begin{cases}\dfrac{\partial Q}{\partial b_0}=-2\sum_{i=1}^{n}\left(y_j-b_0-b_1x_n-b_2x_{i2}-\cdots-b_mx_{ir}\right)=0\\ \dfrac{\partial Q}{\partial b_j}=-2\sum_{i=1}^{n}\left(y_i-b_0-b_1x_{i1}-b_2x_{12}-\cdots-b_mx_{ie}\right)x_{yj}=0, j=1,2,\cdots,m\end{cases} \tag{2-37}$$

整理关于$b_0,b_1,b_2,\cdots,b_n$的线性方程组得：

$$\begin{cases}nb_0+\sum_{i=1}^{n}x_{j1}b_1+\cdots+\sum_{i=1}^{n}x_{im}b_m=\sum_{i=1}^{n}y_i\\ \sum_{i=1}^{n}x_{i1}b_0+\sum_{i=1}^{n}x_{il}^2b_1+\cdots+\sum_{i=1}^{n}x_{i1}x_{im}b_m=\sum_{i=1}^{n}x_ny_i\\ \cdots\\ \sum_{i=1}^{n}x_{im}b_0+\sum_{i=1}^{n}x_{in}x_{ij}b_i+\cdots+\sum_{i=1}^{n}x_{im}^2b_m=\sum_{i=1}^{n}x_{im}y_i\end{cases} \tag{2-38}$$

上式的矩阵表达为：

$$\begin{bmatrix} n & \sum_{i=1}^{n}x_{ij} & \cdots & \sum_{i=1}^{n}x_{im}\\ \sum_{i=1}^{n}x_{i1} & \sum_{i=1}^{n}x_{i1}^2 & \cdots & \sum_{i=1}^{n}x_{i1}x_{im}\\ \vdots & \vdots & & \vdots\\ \sum_{i=1}^{n}x_{im} & \sum_{i=1}^{n}x_{im}x_{i1} & \cdots & \sum_{i=1}^{n}x_{im}^2\end{bmatrix}\begin{bmatrix}b_0\\ b_1\\ \vdots\\ b_m\end{bmatrix}=\begin{bmatrix}1 & 1 & \cdots & 1\\ x_{i1} & x_{21} & \cdots & x_{n1}\\ \vdots & \vdots & & \vdots\\ x_{1m} & x_{2m} & \cdots & x_{mm}\end{bmatrix}\begin{bmatrix}y_1\\ y_2\\ \vdots\\ y_n\end{bmatrix} \tag{2-39}$$

进一步可得：

$$\begin{bmatrix} n & \sum_{i=1}^{n} x_{n1} & \cdots & \sum_{i=1}^{n} x_{im} \\ \sum_{i=1}^{n} x_{n} & \sum_{i=1}^{n} x_{i1}^{2} & \cdots & \sum_{i=1}^{n} x_{ix} x_{im} \\ \vdots & \vdots & & \vdots \\ \sum_{i=1}^{n} x_{im} & \sum_{i=1}^{n} x_{im} x_{ni} & \cdots & \sum_{i=1}^{n} x_{im}^{2} \end{bmatrix} = \begin{bmatrix} 1 & 1 & \cdots & 1 \\ x_{11} & x_{21} & \cdots & x_{m1} \\ \vdots & \vdots & & \vdots \\ x_{1m} & x_{2m} & \cdots & x_{mm} \end{bmatrix} \begin{bmatrix} 1 & x_{11} & \cdots & x_{1m} \\ 1 & x_{21} & \cdots & x_{2m} \\ 1 & \vdots & & \vdots \\ 1 & x_{2n} & \cdots & x_{mm} \end{bmatrix} \tag{2-40}$$

从而有：

$$\boldsymbol{X}^{\mathrm{T}} \boldsymbol{X} \boldsymbol{\beta} = \boldsymbol{X}^{\mathrm{T}} \boldsymbol{Y} \tag{2-41}$$

式中，$\boldsymbol{Y} = (y_1, y_2, \cdots, y_n)^{\mathrm{T}}$，由于 $\boldsymbol{R}(\boldsymbol{X}^{\mathrm{T}} \boldsymbol{X}) = \boldsymbol{R}(\boldsymbol{X}) = m+1$，故 $\boldsymbol{X}^{\mathrm{T}} \boldsymbol{X}$ 是满秩矩阵，因而存在逆矩阵：

$$\hat{\boldsymbol{\beta}} = (\boldsymbol{X}^{\mathrm{T}} \boldsymbol{Y})^{-1} \boldsymbol{X}^{\mathrm{T}} \boldsymbol{Y} = (\hat{b}_0, \hat{b}_1, \hat{b}_2, \cdots, \hat{b}_m) \tag{2-42}$$

2.2.3 地震动峰值加速度区划矢量图绘制技术

2.2.3.1 地震动参数生成数据子集

在 ArcGIS 中，地统计分析模块主要由 3 个功能模块组成：探索性数据分析；统计分析向导；生成数据子集。对输出表面质量评价的最严格方法就是将观测值与预测值进行比较。在通常情况下，该方法需要到研究区采集独立的验证数据集。还有另外一种方法：利用“Create-subsets…”菜单将采样点数据分成两部分：一部分作为训练样本，一部分作为检验样本，如图 2-5 所示。

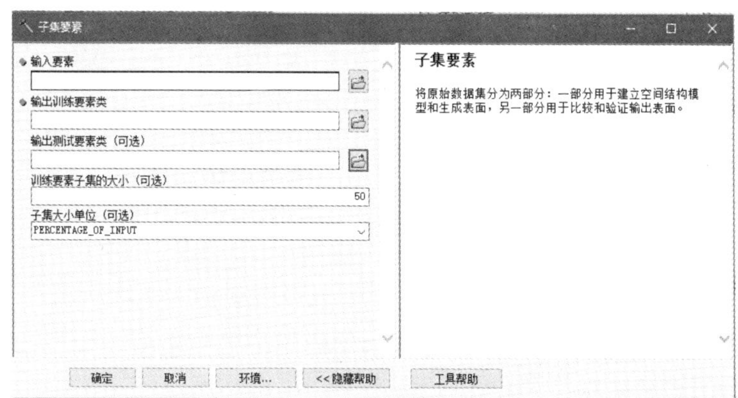

图 2-5 采样点数据分类

2.2.3.2 地震动参数数据分析

1. 探索性数据分析

探索性数据分析是对调查、观察所得到的一些初步的杂乱无章的数据，在尽量少的先验假定下进行处理，通过利用作图、制表等形式和方程拟合、计算特征量等手段，探索数据的结构和规律的一种数据分析方法。在 ArcGIS 软件中，探索性数据分析是利用软件提供的一系列图形工具和适用于数据的插值方法，深入了解数据，认识研究对象，从而对与其数据相关的问题做出更好的分析。

在地统计分析中，克里金方法在一定程度上要求全部数据值都要具有相同的变异性，它是建立在平稳假设的基础上。另外，一些克里金插值法要求数据服从正态分布，当数据不服从正态分布时，需要进行一定的数据变换，使其服从正态分布。因此，在进行统计分析前，检验数据的分布特点，了解和认识数据等具有非常重要的意义。数据的检验可以通过直方图和正态 QQPlot 分布图完成，如图 2-6 所示。

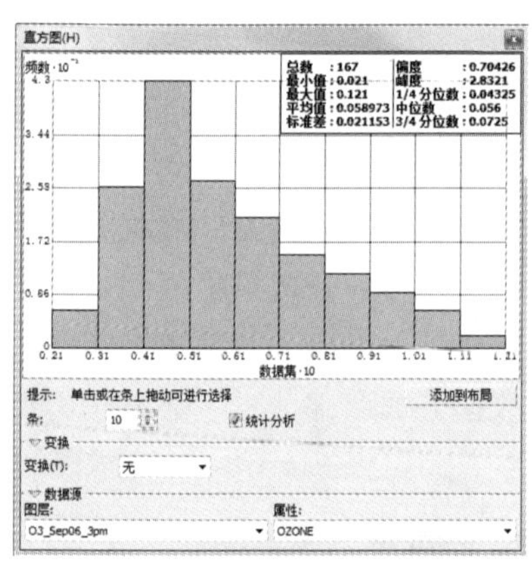

(a) 数据分布检验直方图

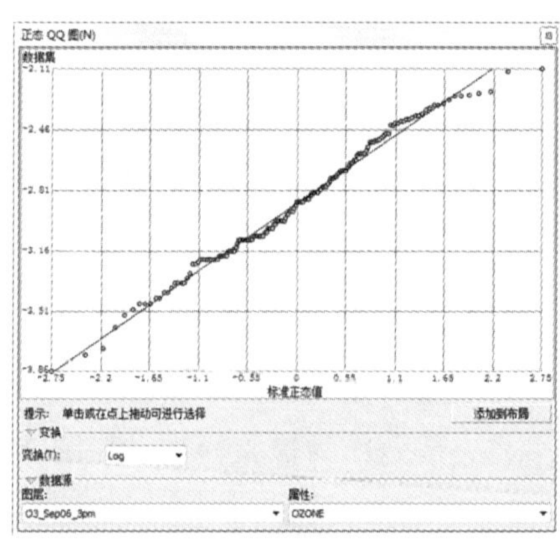

(b) 数据分布检验正态 QQPlot 分布图

图 2-6 数据检验

通过图 2-6 可以看出，数据经过 log 变换后更加服从正态分布。

2. 寻找数据离群值

数据离群值是指数据中有一个或几个数值与其他数值相差比较大，分为全局离群值和局部离群值两大类。全局离群值是指对于数据集中所有样点来说，观测样点具有很高或很低的值；局部离群值是指对于数据集中所有样点来讲，观测样点的值处于正常范围，但与其相邻点比较，它又偏高或偏低。数据离群值的查找可以通过半变异/

协方差函数云完成。

刷光以后，从图 2-7 中可以看出，这些高值都是由一个离群值的样点对引起的，因此，需要对该点进行剔除。

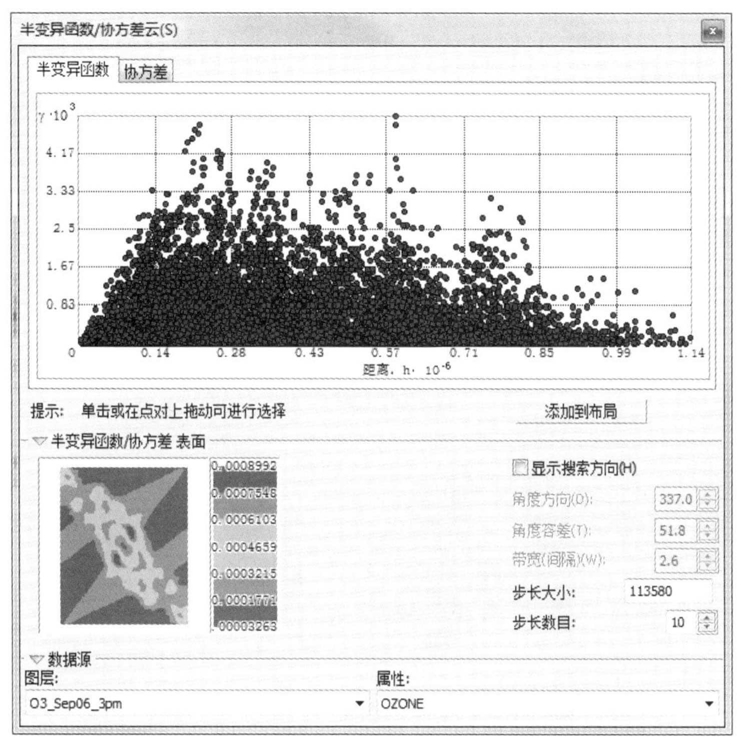

图 2-7 数据半变异/协方差函数云图

3. 全局趋势分析

在趋势分析图中，每一根竖棒代表了一个数据点的值和位置。这些点被投影到两个方向上：东西方向和南北方向，这两个方向组成一个正交平面。通过投影点能做出一条最佳拟合线，并且用它来模拟特定方向上存在的趋势。如果该线是平直的，就说明不存在趋势。

如图 2-8 所示，显示采样数据在东西和南北方向上都具有微弱的“U”形趋势，因此，应该用二次曲面来拟合，在后续剔除趋势的操作中选择 second。从图 2-9 中可以看出，东西方向上（图中灰线）表现为西高东低；南北方向上（图中黑线）表现为明显的北高南低。

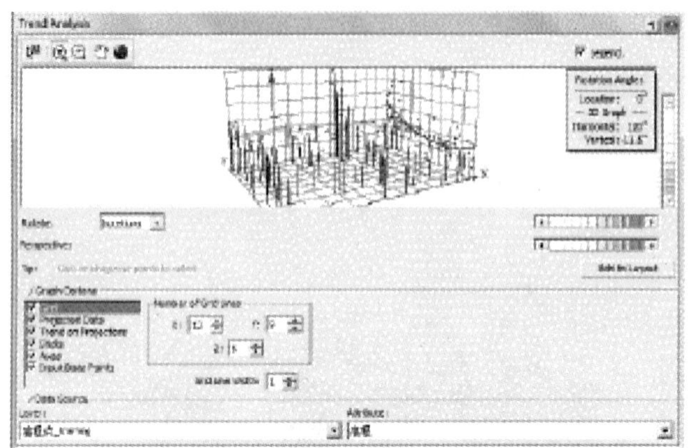

图 2-8　数据趋势校验对话框

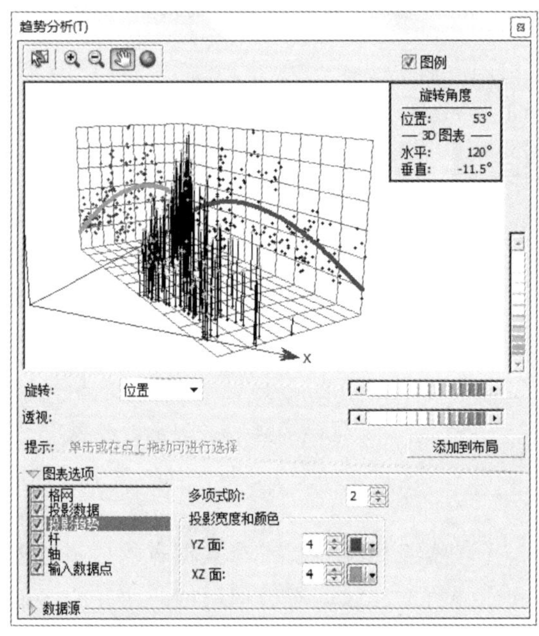

图 2-9　数据趋势检验对话框

2.2.3.3　地震动参数创建表面

ArcGIS 中的地统计分析模块为用户提供了利用已知样点进行内插生成研究对象表面预测图的内插技术。地统计分析向导能提供用户的主要图形界面包括:内插方法与数据集选择界面、参数设置界面、精度评定界面、生成数据子集。

（1）单击 GeostatisticalAnalyst 模块下的 GeostatisticalWizard。

（2）展开泛克里金（universal Kriging），单击预测图（Prediction Map），在 DataSet1 选项卡的 Trans-formation 中选择 log 变换方式表明对数据进行 log 变换，在 OrderofTrend 中选择 second，表示用二次曲面拟合，单击 Next，如图 2-10 所示。

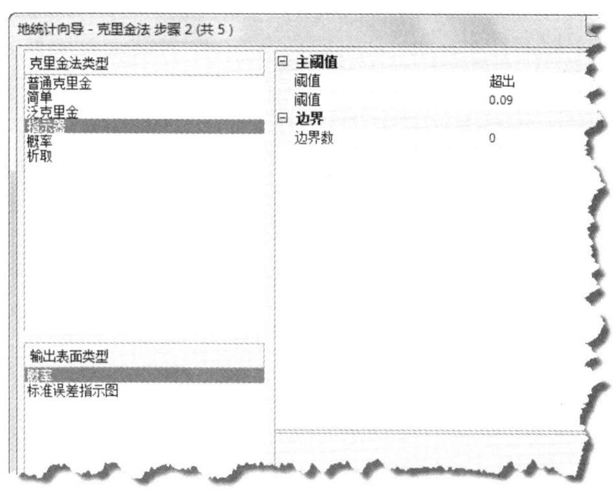

图 2-10　内插方法选择对话框

（3）在 Semivariogram/CovarianceModeling 对话框中，先按照默认参数进行操作，在得到对模型精度评定结果后，发现结果误差太大，返回更改对话框中的参数。半变异/协方差函数云图如图 2-11 所示。

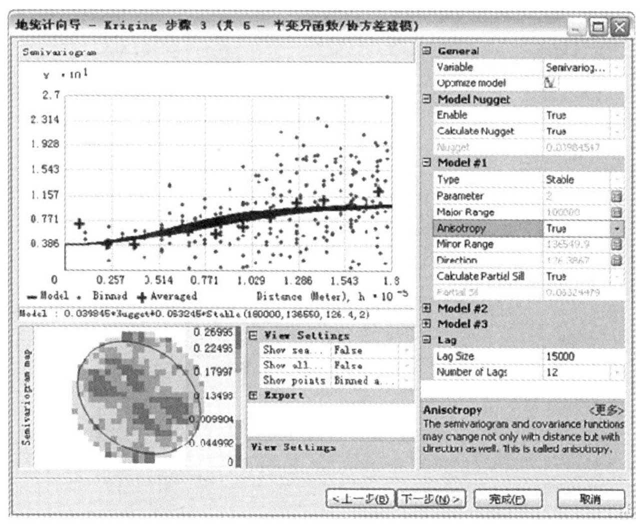

图 2-11　半变异/协方差函数云图

（2）在 CrossValidation 对话框中显示了对模型的精度的评价，符合以下标准的模型是最优的：标准平均值（Mean Standard Sized）最接近于 0，均方根预测误差（Root Mean Square）最小，平均标准误差（Average Standard Error）最接近于均方根预测误差（Root Mean Square），标准均方根预测误差（Root Mean Square Standardized）最接近 1。单击 Next 按钮，得到如图 2-12 所示结果。

（3）在 Validation 对话框中，单击 Finish。泛克里金法内插结果如图 2-13 所示。

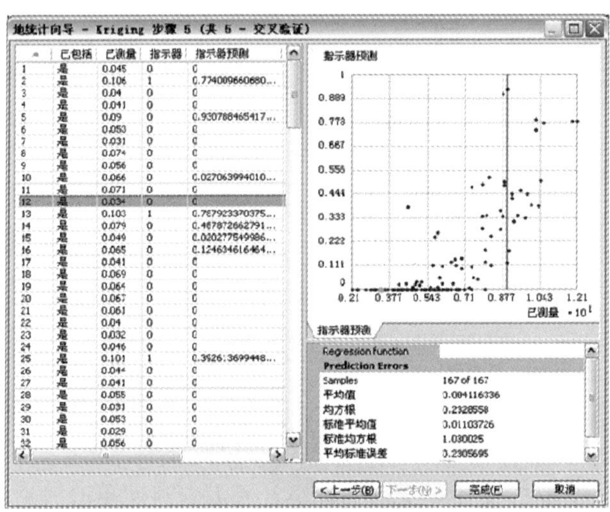

图 2-12　交叉验证结果

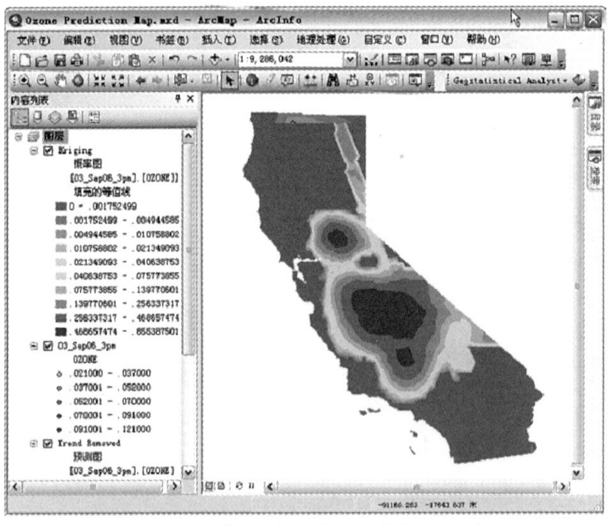

图 2-13　泛克里金内插生成的预测表面

2.3　地质灾害易发性分布图绘制

2.3.1　地质灾害易发性分区分级标准

2.3.1.1　分区原则

地质灾害易发区是指容易产生地质灾害的区域。易发区的划分主要依据地质现状和潜在隐患，并综合考虑地形地貌、地层岩石、地质构造、人类工程活动强弱、降雨情况等基础上进行的。

2.3.1.2　地质灾害易发性分级

地质灾害易发性分级见表 2-8。

表 2-8　地质灾害易发性分级表

分级	含义
A	高易发，地质灾害易发性高，发生地质灾害可能性极大
B	中易发，地质灾害易发性中等，发生地质灾害可能性中等
C	低易发，地质灾害易发性较低，发生地质灾害可能性较小
D	不易发，地质灾害不易发，发生地质灾害可能性极小

2.3.2　一般规定

地质灾害易发性分布图以各县区级行政单位为基本绘制单位，根据网格最大等值易发数据绘制电网地质灾害易发性分布图。

2.3.3　制图

（1）根据地质灾害易发性分级结果，利用地理信息软件绘图。

（2）地质灾害易发性分布图采用国家 2000 坐标系或 WGS84 坐标系。

（3）图纸规格应符合以下要求：纸质地质灾害易发性分布图宜采用 0 号图纸，也可根据实际需要绘制。图面四周边框预留尺寸如下：上方 6 cm 用于写标题，下方及左右分别为 2 cm，边框线外空白，图名统一为“XX 电网地质灾害易发性分布图”，位于全图正上方，比例尺寸及图例位于图的右下方。灾区易发性分布图应附加版本信息，版本信息统一为“20XX-20XX”。前符号为地区名称全拼，首字母大写，后 4 位阿拉伯数字为该图的年份。

（4）图应包括以下数据要素：

110 kV 及以上电压等级的每条架空线路及杆塔；110 kV 及以上电压等级所有变电站、换流站；各类历史地质灾害点的位置、类型；典型人类工程活动（采矿区）。

2.3.4 图面和颜色

易发性等级以多边形区域表示，颜色及说明如表 2-9 所示。灾害类型及其他要素图例如表 2-10 ~ 表 2-12 所示。

表 2-9 易发性等级图面颜色及说明

地质灾害易发分区	填充颜色示例	颜色说明
A（高易发）		红色（C = 0%、M = 80%、Y = 80%、K = 0%）
B（中易发）		橙色（C = 0%、M = 40%、Y = 80%、K = 0%）
C（低易发）		黄色（C = 0%、M = 0%、Y = 80%、K = 0%）
D（不易发）		绿色（C = 62%、M = 27%、Y = 80%、K = 0%）

表 2-10 地质灾害类型图例及说明

地质灾害分类	示例	说明
滑坡		黑色（C = 0%、M = 0%、Y = 0%、K = 100%），宽×高：5 mm×5 mm
崩塌		黑色（C = 0%、M = 0%、Y = 0%、K = 100%），宽×高：5 mm×5 mm
泥石流		黑色（C = 0%、M = 0%、Y = 0%、K = 100%），宽×高：5 mm×5 mm
不稳定斜坡		黑色（C = 0%、M = 0%、Y = 0%、K = 100%），宽×高：5 mm×5 mm
地面塌陷		黑色（C = 0%、M = 0%、Y = 0%、K = 100%），宽×高：5 mm×5 mm
地裂缝		黑色（C = 0%、M = 0%、Y = 0%、K = 100%），宽×高：5 mm×5 mm

表 2-11 电力设施图例及说明

电力设施分类	示例	说明
110～220 kV 线路		（C = 100%、M = 0%、Y = 40%、K = 0%），线宽 1 pt
500 kV 线路		（C = 100%、M = 0%、Y = 40%、K = 25%），线宽 1 pt
±500 kV 线路		（C = 100%、M = 80%、Y = 80%、K = 0%），线宽 1 pt
110～220 kV 变电站		（C = 100%、M = 0%、Y = 40%、K = 0%）
500 kV 变电站		（C = 100%、M = 0%、Y = 40%、K = 25%）
换流站		（C = 100%、M = 80%、Y = 80%、K = 0%）
水电站		（C = 60%、M = 0%、Y = 25%、K = 0%）

表 2-12 人类工程活动图例及说明

人类工程活动分类	示例	说明
矿区及采空区		（C = 25%、M = 0%、Y = 20%、K = 0%）

第3章 电网地震灾害评估模型研究

3.1 设备电气失效机理研究

套管结构设备顶部近似自由，且自振频率多在 1 ~ 10 Hz，与地震动卓越频率范围相近，地震动作用时，设备响应和地面输入相比均有不同程度的放大，导致地震作用下套管结构顶部发生较大位移，其根部容易遭受较大的应力应变反应。同时，由于套管中瓷套为脆性材料，容易被拉断或拉裂，导致套管在地震中易损性较高。

据统计，在汶川地震中，擂鼓站、汉旺站、茂县站等 7 处变电站主变套管出现破裂、倾斜等损毁情况，进而使供电中断，造成严重的经济损失。目前研究地震对绝缘设备造成的损坏主要依靠统计震后有明显机械损伤的电气设备，而实际在地震过程中，在地震波的作用下电气设备将发生形变，电气设备不同部件间发生位移，继而可能引起击穿、闪络等电气问题，导致电力设备损坏，此类损坏并不能通过震后统计获得。因此，对地震条件下电气设备的电气性能进行研究具有重要理论意义和实际应用价值，可为震后的快速响应工作提供重要依据。

3.1.1 典型瓷套式设备电气失效机理研究

为明确地震作用下设备电气失效机理，建立地震条件下的电气设备失效模型，具体设计方案如图 3-1 所示。

地震条件下电力设备电气失效模型建立具体步骤如下：

（1）根据地震条件下电力设备实际电气失效形式确定电气设备位移部件。

根据电网地震灾害历史记录数据，统计地震作用动力响应特性和地震条件下指定瓷柱式电力设备的具体的失效表现形式，确定电气设备内部位移部件。

（2）采用仿真方法获得对应震级下电气设备的整体形变及内部不同部件之间的相对位移量。

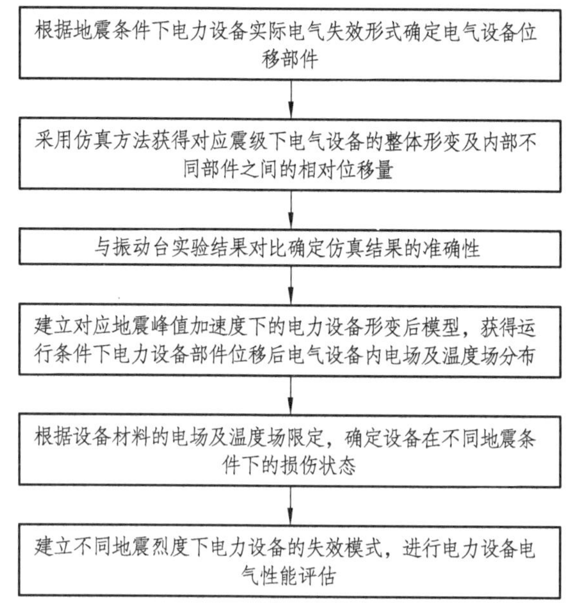

图 3-1　地震条件下电力设备电气失效模型建立流程图

建立指定瓷柱式电力设备的仿真模型，赋值材料属性并确定部件间连接方式。根据抗震设计规程 IEEE Std-693—2005 及《高压开关设备抗地震性能试验》，选用天然 Elcentro 波、人工波和 Taft 地震波对模型进行地震波分析。根据不同地震等级下地震烈度与地震峰值加速度（PGA）之间的对应关系，以地震加速度为变量输入，通过软件仿真获得不同地震峰值加速度下电气设备的形变及不同部件内的相对位移。

（3）与振动台实验结果对比确定仿真结果的准确性。

采用与仿真模型相对应的地震波类型及加速度，对指定瓷柱式电力设备进行地震模拟振动台试验，选取电力设备最大位移处获得位移时程响应，对比仿真与实验结果误差。若测量误差超过 10%则对仿真模型进行修正，直至两者误差在规定范围内。

（4）建立对应地震峰值加速度下的电力设备形变后模型，获得运行条件下电力设备部件位移后电气设备内电场及温度场分布。

建立对应地震峰值加速度下的指定电力设备形变后模型，仿真获得电气设备内部影响电场分布。确定电力设备内部的损耗及传热方式，以损耗为热源，进行运行条件下电力设备的温度场仿真，获得设备内部温度场分布。

（5）根据设备材料的电场及温度场限定，确定设备在不同地震条件下的损伤状态。

地震作用下设备出现多种失效形式。电气设备部件发生相对位移后，当电力设备内部电场分布达到材料的击穿电压时，将致使绝缘失效，进而发生设备击穿；当电力设备内部温升超过材料的许用温升后，会导致绝缘材料老化，影响绝缘材料使用寿命。根据不同设备的材料特性，可确定地震作用下设备的损伤状态。

（6）建立不同地震烈度下电力设备的失效模式，进行电力设备电气性能评估。

根据仿真得到的结果，确定设备的失效形式，建立不同地震烈度下的电力设备电气性能评估方法。

本章节主要针对（3）~（6）开展相关研究。

3.1.2 套管电场及温度场仿真结果

3.1.2.1 电场及温度场计算技术路线

本书选取 110 kV、220 kV 的油纸绝缘套管和断路器进行仿真，为获得油纸绝缘套管内部的电场和温度场分布，采用的技术路线如图 3-2 所示。

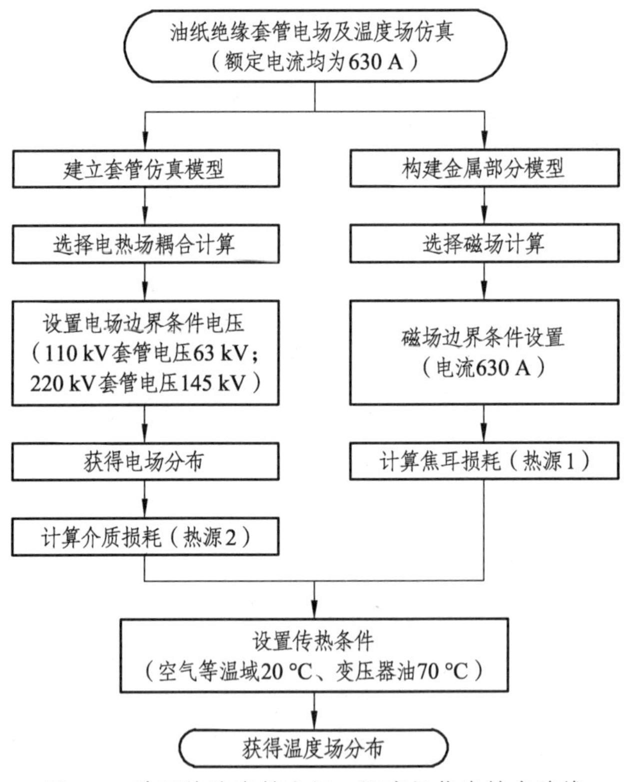

图 3-2 油纸绝缘套管电场、温度场仿真技术路线

3.1.2.2 油浸式套管结构

油浸式套管为全密封结构，用强力弹簧把电容芯子，连接套筒上、下瓷件，油枕等连接在一起，连接处均采用优质耐油密封圈及合理的密封结构。如图 3-3 所示是油浸套管结构图。油浸式套管主绝缘为高压（或超高压）电缆纸和铝箔均压极板组成的油纸电容芯子。

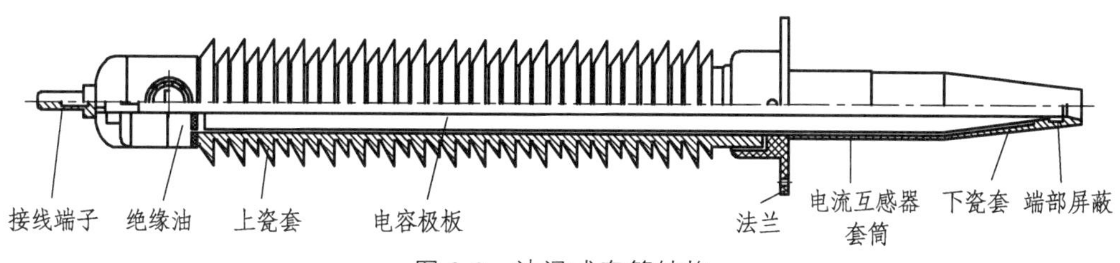

图 3-3 油浸式套管结构

3.1.2.3 套管仿真模型建立

本书采用 COMSOL 软件以某厂提供的 110 kV 油浸式套管为例建立模型。由于套管是以导电杆为中心严格对称的，为计算方便，选取 1/2 套管结构建立二维轴对称仿真模型。为还原套管实际运行状态并使计算结果准确，可将空气域与油箱设为矩形，其中径向长度均为套管外径的 2 倍，将油枕与上瓷套的长度之和设为空气域的轴向长度，将下瓷套的长度设为油箱的轴向长度将套管法兰以下部位浸入其中，模型中电极板简化为 13 层。未发生地震时电场及温度场计算区域如图 3-4 所示。

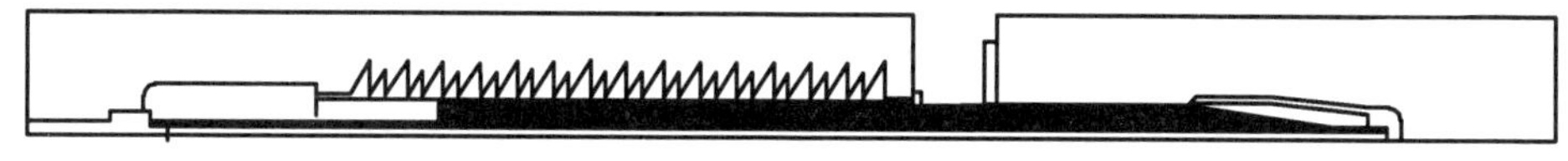

图 3-4 110 kV 套管电场及温度场计算区域

在进行静电场求解电场时，套管电场的分布与套管内部材料的相对介电常数有关。套管模型中各种材料的相对介电常数如表 3-1 所示。对各部分施加边界条件：导电杆、顶部出线装置及底部出线装置施加为 63 kV 的相电压；油箱、法兰、最外层极板以及套管外部的空气边界施加为 0 电位；在电容芯子内部的极板设为悬浮电位。

表 3-1 套管中各材料的相对介电常数

材料	铝合金	空气	瓷套	油浸纸	变压器油	铜	法兰
相对介电常数	2 000	1	6	3.5	2.2	5 000	3 000

3.1.2.4 电场仿真结果

经仿真得到套管的电位及电场分布如图 3-5 所示。从电位分布图可知，在电容芯子中铝箔极板作用下，电容芯子和法兰部位的电位分布比较均匀，但是在法兰部位两端的电位急剧变化。从电场的分布图中可知，套管电场在套管内部很低并且分布得很均匀，只有法兰部位的电场强度较高，并且法兰部位的电场最高值为 77.2 kV/m。由以上电场分析结果可知，套管中的电场分布均匀，瓷套上的电场值也在空气的击穿场强以下，所以在套管的长期工作中保证了套管的安全运行。

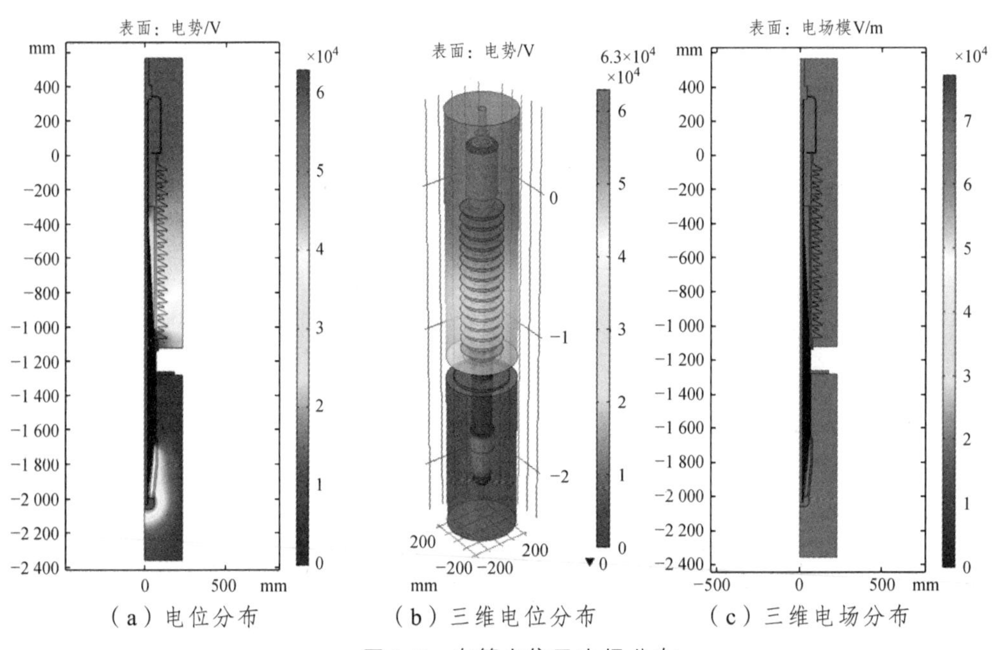

（a）电位分布　（b）三维电位分布　（c）三维电场分布

图 3-5　套管电位及电场分布

3.1.2.5 温度场仿真结果

套管内部通入稳定的交流电压和交流电流，在这两种作用下，套管内部会产生两种热源。油浸式套管有限元计算模型的材料组成包括：空气、铝、油浸纸、瓷套、铁、45 号变压器油，不同材料呈现不同的属性，需要根据材料性质设置不同的材料参数，如表 3-2 所示。

表 3-2 套管材料的热性能参数

材料	常压热容/[J/（kg·m）]	导热系数/[W/（m·K）]	密度/（kg/m³）
空气	$f(T)$	$f(T)$	$f(T)$
变压器油	$f(T)$	$f(T)$	$f(T)$
铝	900	238	2 700
油浸纸	1 300	0.26	900
瓷套	1 085	1.5	2 700
铁	440	7 870	76.2

1. 焦耳损耗计算

由于二维平面图形不适用于计算涡流场，所以涡流场计算只能在三维立体模型中进行。在三维涡流场分析模型中，需要添加的物理场模型为磁场，在磁场条件下，只有相对磁导率和电阻率会对磁场产生影响。由于在 110 kV 油纸绝缘套管内部结构中，没有导磁材料的存在，所以默认套管内部所有材料及外包空气域的相对磁导率都为 1。导电材料的电阻率如表 3-3 所示。

表 3-3 导电材料的电阻率

材料	黄铜	碳钢
位置	导杆	油枕、法兰出线装置
电阻率 ρ/μΩ·m	0.064	0.044 6

在进行三维涡流场计算时，只需要建立套管内部的金属导电部位，如图 3-6 所示。

计算各区域焦耳损耗时，在三维涡流场中，首先设置通入套管中的工频电流为 630 A，套管磁通密度模分布如图 3-7 所示。

由式（3-1）可计算套管中金属部位的焦耳损耗：

$$P=\sum_{i=1}^{N}\rho J_i^2 V_i \tag{3-1}$$

式中，J_i 为单元电流密度；V_i 为离散单元体积；N 为有限元模型离散单元总数。

计算可知，导体区域的总损耗为 34.38 W，其中导电杆的焦耳损耗最大为 25.14 W，上、下出线装置和油枕部位的焦耳损耗分别为 9.04 W 和 0.31 W，油枕损耗为 0.07 W。可以得出，在导电杆区域的焦耳损耗是最大的，大于进出线装置和油枕部位的焦耳损耗，由于顶部出线装置与导杆有直接接触的部位，所以此部位发热较大，但是油枕部位发热较小。

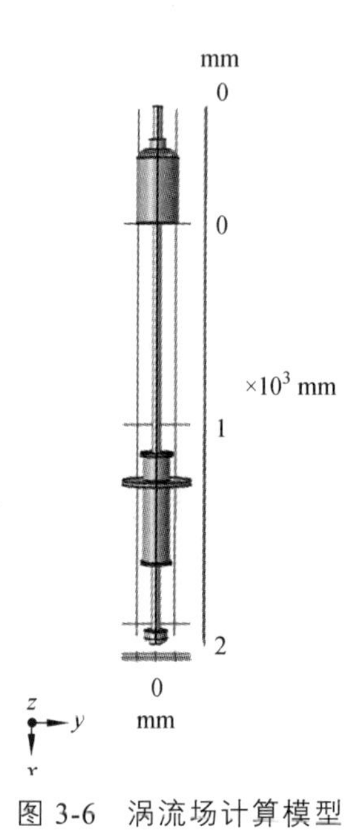

图 3-6　涡流场计算模型

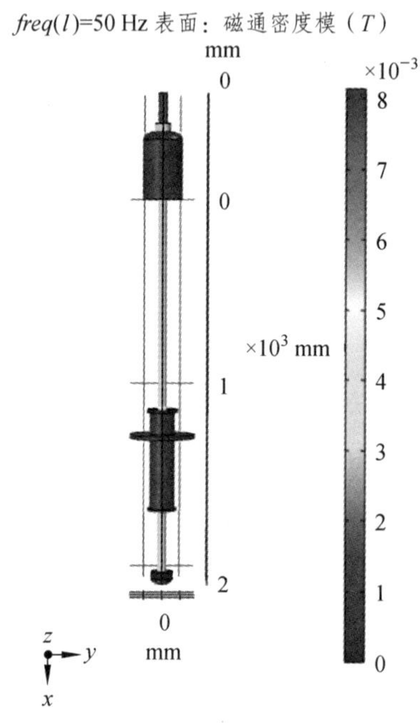

图 3-7　套管磁通密度模分布

2. 介质损耗计算

在套管中通入交流电压时，套管及外部区域会产生交变电场，在交变电场的作用下产生极化损耗。虽然绝缘材料的绝缘性能很好，但是在绝缘材料中会存在一个很小的电导率，由于电导率的原因，在绝缘介质中会存在漏电流，漏电流会导致绝缘介质中产生电导损耗。介质损耗是由极化损耗和电导损耗共同构成的。

对于套管工作频率为 f，电场强度为 E，介质损耗因数为 $\tan\delta$，相对介电常数为的介质 ε_r，其单位体积损耗功率 $\overline{q}$ 为：

$$\overline{q} = 2\pi f \varepsilon_0 \varepsilon_r \tan\delta \cdot E^2 \tag{3-2}$$

由式（3-2）可以得出，单位体积介质损耗不仅与相对介电常数和介质损耗因数有关，而且与电解质所处的区域的电场强度也存在关系，并且与电场强度的平方成正比。所以当我们想通过计算得到套管的介质损耗时，不仅要求出套管内部的电位关系，还要通过套管中的电位关系求出套管的电场强度分布。

通过式（3-2）可以将套管中单位体积介质损耗发热量求出。然后利用有限元计算方法，可以将单位体积介质损耗发热公式转化为式（3-3）求出绝缘介质中介质损耗的总发热量：

$$P = \sum_{i=1}^{M} 2\pi f \varepsilon_0 \varepsilon_r \tan\delta \cdot E^2 \cdot V_i \tag{3-3}$$

式中，M 为介质有限元模型离散单元数量；V_i 为单元体积。

在进行绝缘材料的介质损耗计算时，每一种材料的介质损耗因数 $\tan\delta$ 也不同，套管中绝缘部位为油浸纸、变压器油和瓷套，它们的介质损耗因数（简称介损因数）如表 3-4 所示。

表 3-4　套管绝缘介质损耗因数

材料	油浸纸	变压器油	瓷套
介损因数	0.0038	0.005	0.0003

由 COMSOL 有限元分析软件计算出上、下瓷套的介质损耗为 0.013 W，变压器油的介质损耗为 0.11 W，电容芯子的介质损耗为 3.19 W。

3. 温度场赋值

在 110 kV 油纸绝缘套管温度场计算时，需要利用 COMSOL 仿真软件中的固体传热模块，考虑每种材料之间的热传导效果。

（1）将电场中计算的介质损耗和涡流场中计算的焦耳损耗作为热源加入二维轴对称温度场模型中。

（2）传热方式为热传递及热对流，忽略热辐射的影响。

（3）环境温度设置为 20 °C，由于变压器油温一般不高于环境温度 60 °C，所以设定油温为 80 °C。

（4）套管与空气接触外表面存在自然对流换热情况，定义二者的换流系数为 28 W/m^2·K。

4. 温度场仿真结果

根据以上条件，可以求出套管内部的整体温度场分布，图 3-8 所示为套管整体温度分布、电容芯子、导杆区域温度分布分布。由图 3-8（a）、（b）可知，套管内部最高温度为 90.3 °C，出现在电容芯子中下部，最低温度出现在空气中为 20 °C，图 3-8（c）中导杆最高温度为 84.7 °C，最低温度为 67.4 °C。电力变压器高压套管国家规定为：油纸套管与绝缘材料接触的金属部件在正常运行条件下的温度极限为 105 °C，本节研究的 110 kV 油纸绝缘套管在通入电流为 630 A 时最高温度为 84.7 °C，在极限值 105 °C 以内，所以可以保证套管在工作中能够长期稳定地运行。

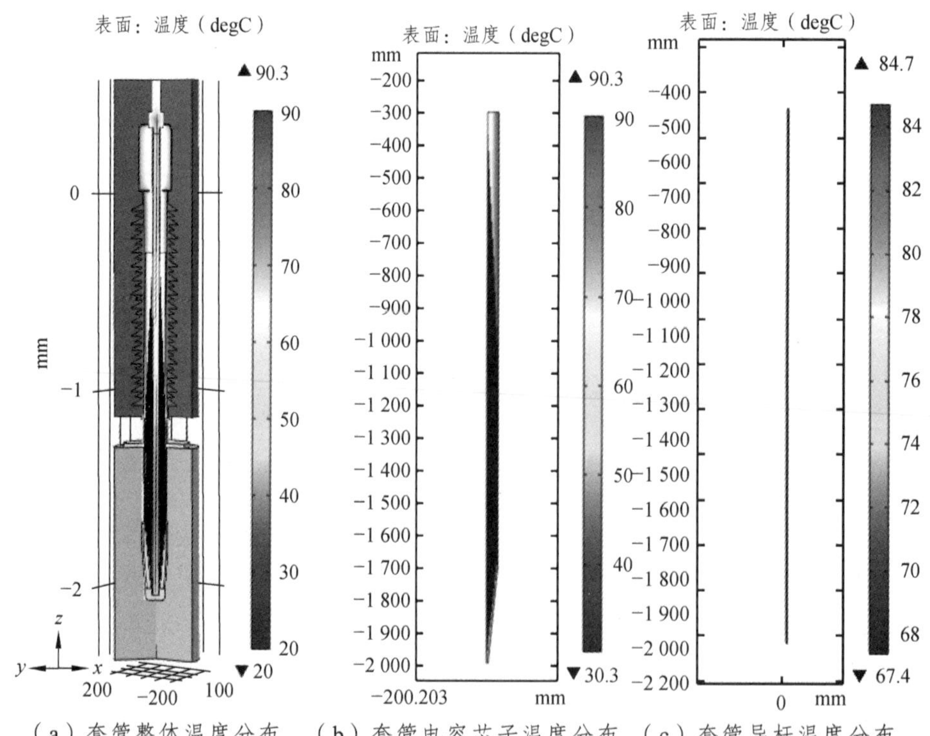

（a）套管整体温度分布　（b）套管电容芯子温度分布　（c）套管导杆温度分布

图 3-8　套管温度分布

3.1.3 断路器电场及温度场仿真

3.1.3.1 断路器电场和温度场仿真技术路线

本书选取 110 kV 和 220 kV 的断路器进行电场与温度场仿真，对应的技术路线如图 3-9 所示。

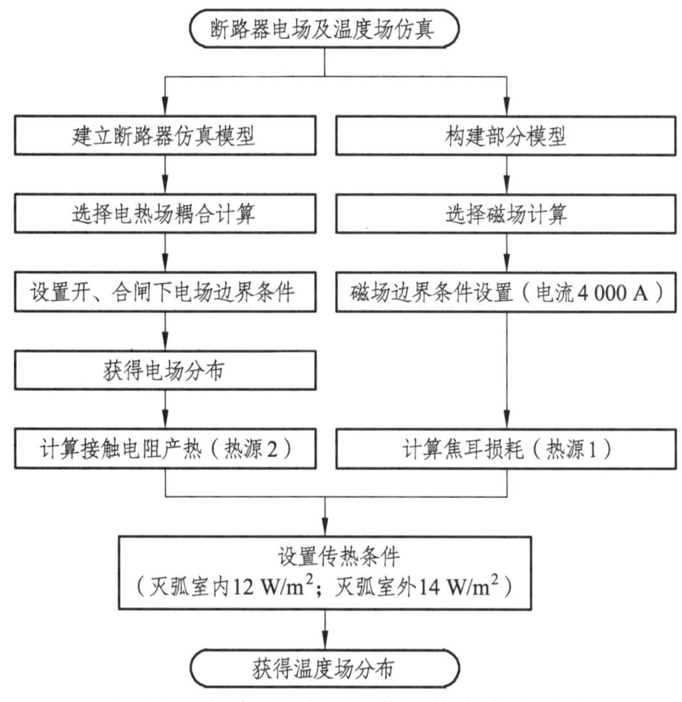

图 3-9 断路器电场和温度场仿真技术路线

3.1.3.2 仿真模型建立

本书选取 220 kV 断路器为研究对象进行电场和温度场仿真研究，其建立的仿真模型如图 3-10 所示。因为断路器在运行时会出现分闸和合闸两种不同的状态，所以应分别建模并进行分析。模型的计算边界条件设为静主触头、静弧触头，空气最外层电位为 0，动弧触头、动主触头，压气缸表面电位设置为 252 kV。在断路器灭弧室内有 3 种不同的绝缘介质：SF_6 气体、聚四氟乙烯、环氧树脂，同时包含无氧铜、铜邬和铝合金导电材料。对应材料的相对介电常数如表 3-5 所示。

（a）整体结构

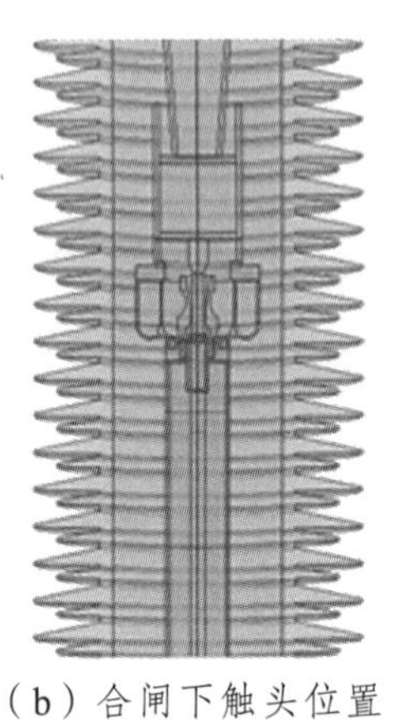
（b）合闸下触头位置

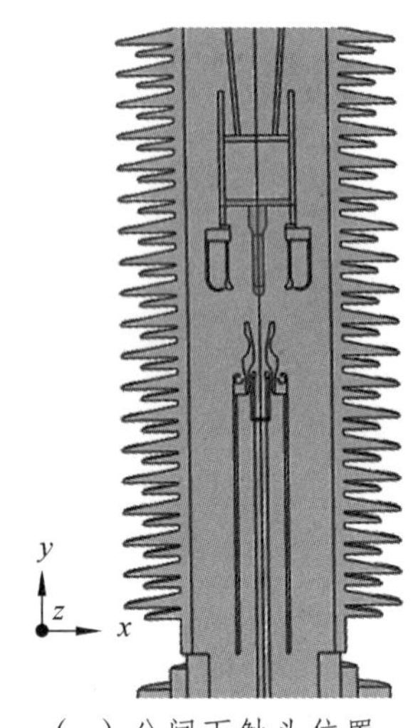

（c）分闸下触头位置

图 3-10 220 kV 断路器仿真模型

表 3-5 断路器内材料的相对介电常数

序号	材料	相对介电常数
1	空气	1
2	SF_6	1.002 4
3	环氧树脂	4.2
4	铝合金	10 000
5	聚四氟乙烯	2.1
6	触头无氧铜	5 000
7	弧触头铜钨	10 000

3.1.3.3 电场仿真结果

经仿真，获得对应的分、合闸下电场仿真结果如图 3-11 所示。从仿真结果来看，断路器中电场的最大值为分、合闸下断路器内电场，分别为 10.5 kV/mm 和 13.5 kV/mm，对于计算求解出的断路器中最大电场强度小于工频电场击穿场强 24 kV/mm，电场分布符合要求。

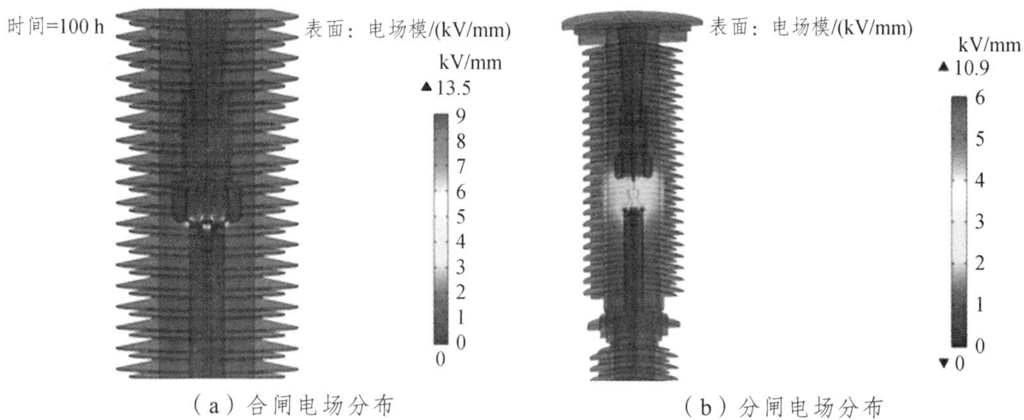

（a）合闸电场分布　　（b）分闸电场分布

图 3-11　断路器电场仿真结果

3.1.3.4　温度场仿真结果

1. 温度场计算方法

本仿真采用 COMSOL 软件仿真 220 kV 断路器在合闸条件下灭弧室内的发热情况。仿真中使用设定初始环境温度为 18 °C，通过涡流场计算得到通流导体的单位体积损耗包括欧姆损耗和涡流损耗（发热功率），然后将损耗输入模型以修正材料电阻率并重新计算损耗，以此往复迭代计算直到最新的温度计算结果和上一次的温度计算结果偏差在 5%以内则认为计算达到收敛。把弧触头端部的铜钨接触部分赋以一定的电阻率，以模拟接触电阻。接触电阻随温度变化的表达式为：

$$R = R_0\left(1+\frac{2}{3}\alpha\Delta\theta\right) \tag{3-4}$$

式中，R_0 为参考温度下测得的接触电阻值；α为温度系数，参考温度为 20 °C 时值，铜为 0.003 86、钨为 0.004 5；$\Delta\theta$为当前温度与参考温度的差值。

在稳态热计算中，需要考虑的热传递过程主要有传导、对流。传导由材料的热导率决定，对流通过对导体表面施加对流换热系数 h 来考虑内部 SF_6 气体和外部空气的对流散热，辐射则可以通过修正对流换热系数来体现。灭弧室内导体表面的对流换热系数取 12 W/m^2，外壳与空气的接触面取对流换热系数 14 W/m^2。计算中使用的材料参数见表 3-6，边界条件设置额定电流为 4 000 A。

表 3-6 电热耦合计算材料参数

材料名称	项目	参数值
SF_6	密度	30.35 kg/m^3
	比热容	660 J/（kg·K）
	热导率	0.013 W/（m·K）
	电导率	2×10^7 S/m
铝合金	密度	2 680 kg/m^3
	比热容	942 J/（kg·K）
	热导率	156 W/（m·K）
	电导率	5.8×10^7 S/m
铜	密度	8 900 kg/m^3
	比热容	385 J/（kg·K）
	热导率	391 W/（m·K）
	电导率	5.7×10^7 S/m
铜钨	密度	13 900 kg/m^3
	比热容	942 J/（kg·K）
	热导率	247 W/（m·K）
聚四氟乙烯	密度	2 200 kg/m^3
	比热容	1 050 J/（kg·K）
	热导率	0.25 W/（m·K）
环氧树脂	密度	1 600 kg/m^3
	比热容	550 J/（kg·K）
	热导率	0.2 W/（m·K）

2. 温度仿真结果

仿真得到合闸下的温度场分布如图 3-12 所示。

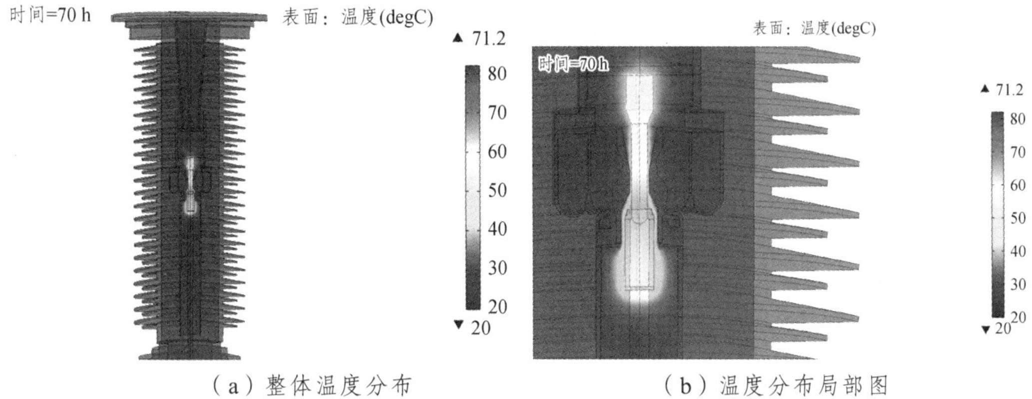

（a）整体温度分布　　（b）温度分布局部图

图 3-12　合闸时温度分布图

根据电场分布可知，断路器内温度最高为主触头之间温度为 71.2 °C，温升为 51.2 °C，根据 GB/T 11022—2011 规定，在外部环境为 20 °C 时，内部最高温升为 65 °C，设置内部的结构符合预期结果。

3.2 设备地震易损性评估技术

高压瓷柱式电气设备的抗震性能研究方法大体可分为 3 种：基于实际震害资料研究、实验研究和数值模拟研究方法。其中，基于实际震害资料研究方法利用历史震害资料，经过统计分析得到设备破坏比率与地震动参数的关系曲线，即易损性曲线，来研究实际地震中的抗震性能，具有较强的真实性与客观性。

2010 年，中国地震局工程力学研究所刘如山等人总结了汶川地震中电气设备的受损情况，并统计了不同烈度区变电站的停运比例、站中各类设备的受损比例，为震害分析提供了数据。

2014 年，中国电力科学研究院刘振林等人采用 Weibull 统计理论描述电气设备中瓷性材料的失效，结合高压电气设备最大地震作用效应均值进行功能判断，最终采用 Monte Carlo 法实现设备的概率的计算。

2019 年，华侨大学罗金盛等人对变压器、断路器及隔离开关 3 种单体电气设备的地震响应和易损性进行研究，采用对数分布描述地震烈度和设备损坏间的关系，结合设备的损坏率估算公式得到了 3 类设备的损坏率与地震烈度间的关系。

3.2.1 设备易损性分析

3.2.1.1 变压器/高压电抗器套管的易损性

变压器/高压电抗器套管的失效概率与地震烈度、震中距的变化规律如图 3-13 所示。从图中可以看出，电压等级越高的套管，其失效概率也越高。随着变电站震中距的增加，套管的失效概率逐渐降低，在 6.0 级地震作用下，震中距 5 km 以内的 110 kV、220 kV、500 kV 套管均表现出较高的失效概率，震中距达到 15 km 以上时，3 种套管的失效概率均逐渐趋近于 0，发生破坏的可能性较低。在 6.5 级地震作用下，震中距 10 km 以内的 110 kV、220 kV、500 kV 套管均表现出较高的失效概率，震中距达到 20 km 以上时，三种套管的失效概率均逐渐趋近于 0，发生破坏的可能性较低。在 7.0 级地震作用下，震中距 12 km 以内的 110 kV、220 kV、500 kV 套管均表现出较高的失效概率，震中距达到 30 km 以上时，3 种套管的失效概率均逐渐趋近于 0，发生破坏的可能性较低。

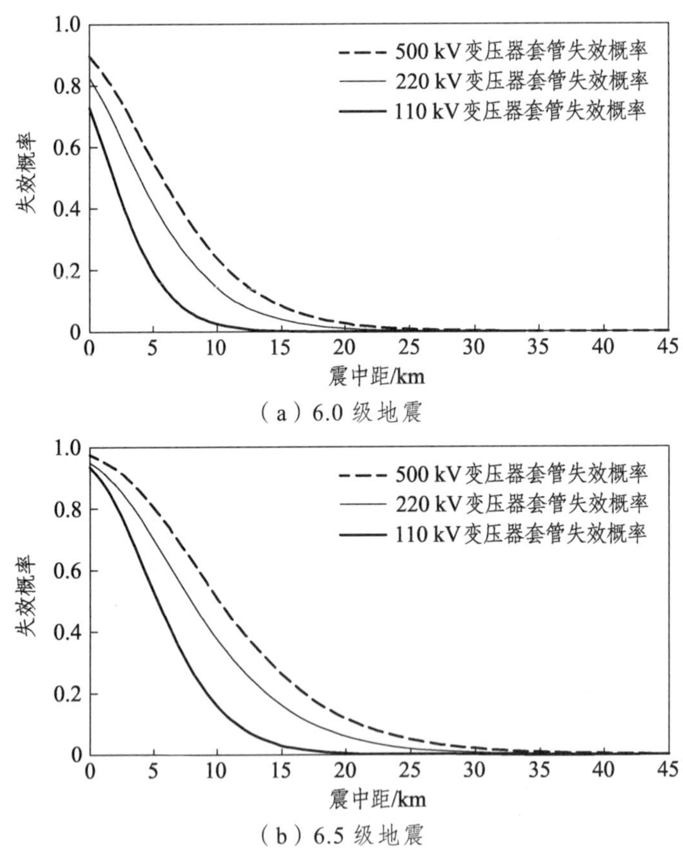

（a）6.0 级地震

（b）6.5 级地震

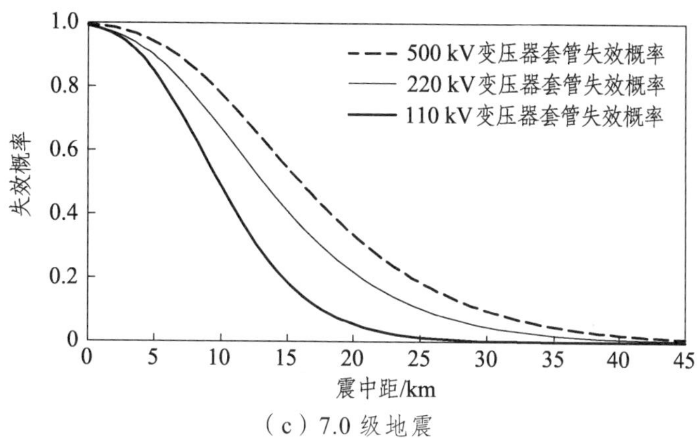

（c）7.0 级地震

图 3-13 变压器/高压电抗器套管失效概率

3.2.1.2 隔离开关的易损性

隔离开关由瓷套管、刀闸和传动结构组成。根据隔离开关的布置形式，可分为水平隔离开关、属相隔离开关等。隔离开关大部分情况下都与断路器一同使用，其原因在于断路器是封闭的，无法直接观察到其连通性，隔离开关可以形成明显的断开点并通过空气绝缘的方式使回路断开，分隔不同线路。隔离开关不具备切断电源的作用，只能在断路器切断电源后使用。

根据美国太平洋地震工程研究中心 PEER 设备数据库中由震害资料统计得到 220 kV 和 500 kV 隔离开关的地震易损性曲线，通过李吉超的基于概率的变电站系统抗震性能评估方法研究中有关于隔离开关的研究可以拟合出 110 kV 隔离开关的易损性曲线。根据上述材料及文献拟合得到 3 种电压等级隔离开关随震中距改变的失效概率如图 3-14 所示。

从图 3-14 可以发现，随着震中距的增大，隔离开关的失效概率逐渐减小，在 6 级地震下震中距大于 10 km 时失效概率几乎为零，在 7 级地震下震中距大于 20 km 时失效概率几乎为零。当震级为 6 级时，500 kV 隔离开关失效概率最大为 90%，且随着震中距增大，隔离开关失效概率迅速降低。当震级为 6.5 级时，震中处隔离开关几乎全部失效，且随着震中距增大，隔离开关失效概率迅速降低。当震级为 7 级时，在震中距 5 km 范围内隔离开关几乎全部失效，且当震中距为 20 km 时隔离开关也存在失效的可能。

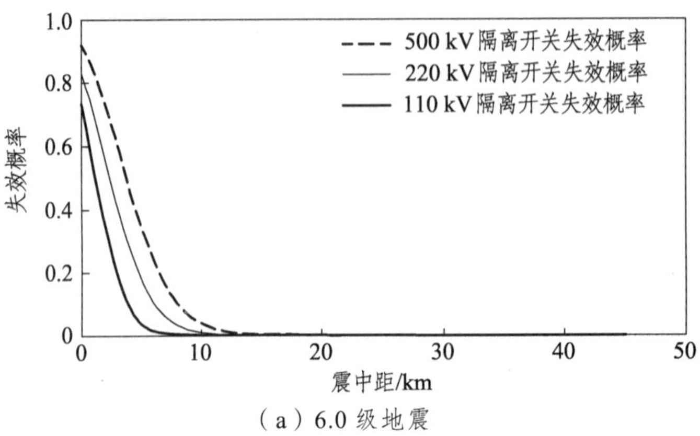

（a）6.0 级地震

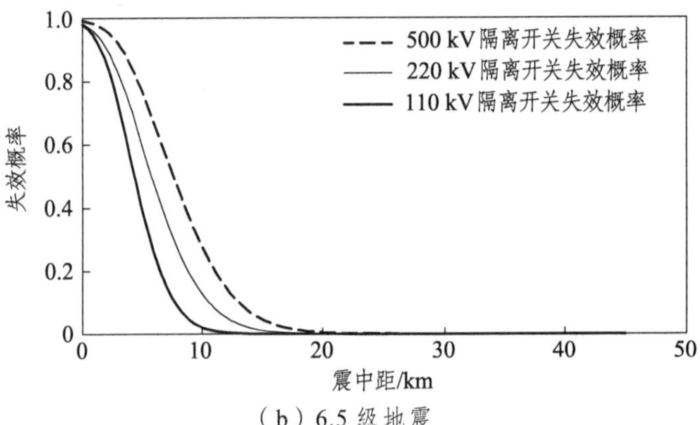

（b）6.5 级地震

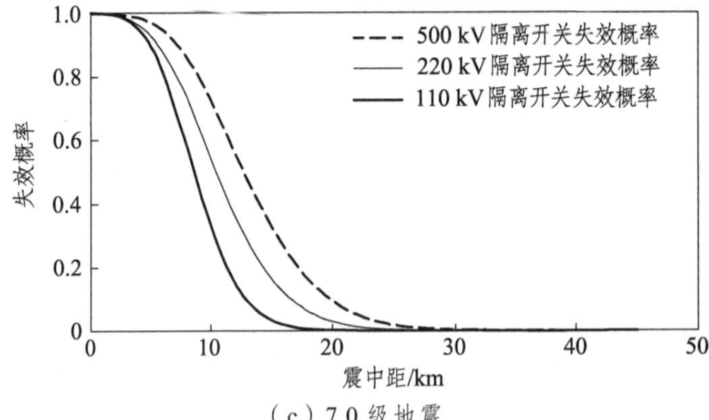

（c）7.0 级地震

图 3-14　隔离开关失效概率

3.2.1.3 断路器易损性

变电站中断路器设备为支柱类结构，在地震作用下，其陶瓷绝缘子根部易产生较大应力，而陶瓷材料的极限应力较小，因此断路器的陶瓷绝缘子根部是地震易损部位。本节以陶瓷绝缘子根部破坏作为失效判据，根据以往地震震害调查统计数据，绘制出断路器在不同震中距以及不同地震震级情况下的易损性曲线，如图 3-15 所示。从图中可以看出，不同电压等级的断路器在同一地震、相同震中距的情况下失效概率有所不同，其中 500 kV 的断路器失效概率最大，220 kV 的断路器失效概率次之，110 kV 的断路器失效概率最低。随着震中距的增大，断路器的失效概率降低，7.0 级地震在震中距 30 km 以外，断路器几乎不会发生破损。

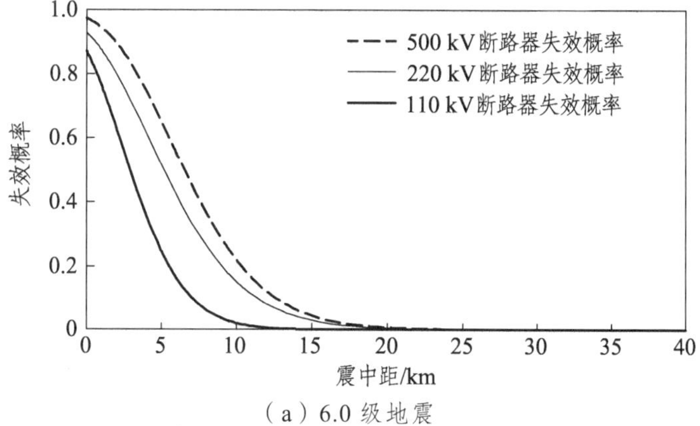

（a）6.0 级地震

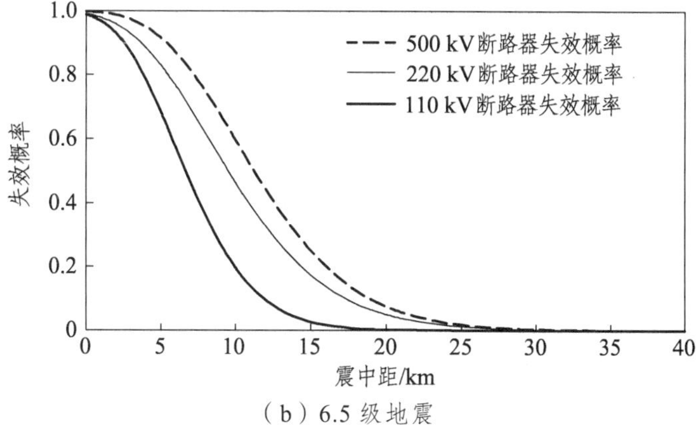

（b）6.5 级地震

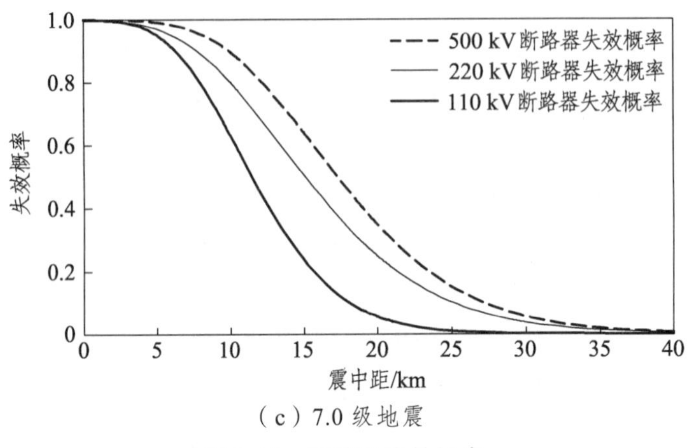

（c）7.0 级地震

图 3-15　断路器失效概率

3.2.1.4　避雷器易损性

从结构形式看，避雷器属于支柱类设备。这类设备均属于长悬臂结构，一般由底部钢支承结构、上部复合套管或支柱绝缘子、内部导体和电气连接件等元件组成，具有“高、大、重、柔”的结构特点，对抗震不利。因此，有必要对避雷器进行地震风险评估。

本书作者团队基于美国太平洋地震工程研究中心 PEER 设备数据库中的震害资料，绘制出 220 kV 和 500 kV 避雷器的地震易损性曲线，然后根据国内学者提出的一种基于概率的变电站系统抗震性能评估方法，拟合出 110 kV 隔离开关的易损性曲线。并通过一定规律得到不同震级下设备失效概率与震中距的关系，如图 3-16 所示。总的来说，随着震中距的增加，设备失效的概率逐渐降低，到达一定距离以后，失效概率降低至零。并且同一震中距下，电压等级越高，设备失效的概率越高。

具体地看，6.0 级地震下，随着震中距的增加，设备失效的概率先陡降，到达一定距离后下降趋于平稳，最终减少至 0。其中 500 kV 避雷器在震中距 7.1 km 后失效概率降到 50%以下，在 30.0 km 后趋近于 0；220 kV 避雷器在 1.7 km 后失效概率降到 50%以下，在 10.9 km 后趋近于 0；110 kV 避雷器在 1.7 km 后失效概率降到 20%以下，在 7.5 km 后趋近于 0。

6.5 级地震下，随着震中距增加，500 kV 避雷器失效的概率经过一段距离后才开始陡降，而后下降趋于平稳，最终减少至 0。220 kV 和 110 kV 避雷器失效概率都是先陡降，到达一定距离后下降趋于平稳，最终减少至 0。其中 500 kV 避雷器在震中距

11.9 km 后失效概率降到 50%以下，在 45.0 km 后趋近于 0；220 kV 避雷器在 5.1 km 后失效概率降到 50%以下，在 18.3 km 后趋近于 0；110 kV 避雷器在 2.7 km 后失效概率降到 20%以下，在 16.3 km 后趋近于 0。

6.5 级地震下，随着震中距的增加，设备失效的概率经过一段距离后才开始陡降，而后下降趋于平稳，最终减少至 0。其中 500 kV 避雷器在震中距 18.2 km 后失效概率降到 50%以下，在 45.0 km 处失效概率为 1.45%；220 kV 避雷器在 9.5 km 后失效概率降到 50%以下，在 25.0 km 后趋近于 0；110 kV 避雷器在 6.5 km 后失效概率降到 20%以下，在 20.2 km 后趋近于 0。

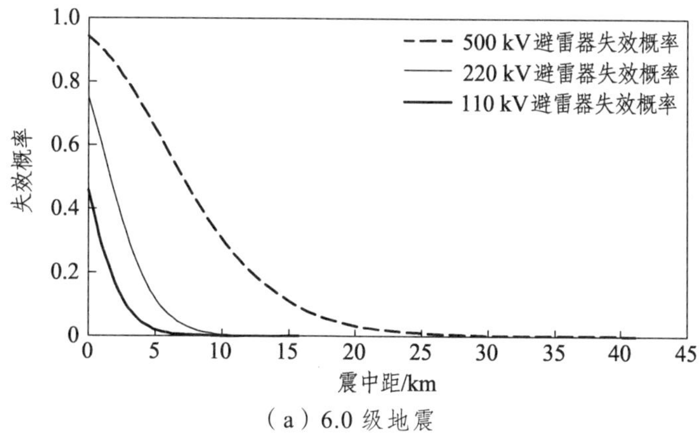

（a）6.0 级地震

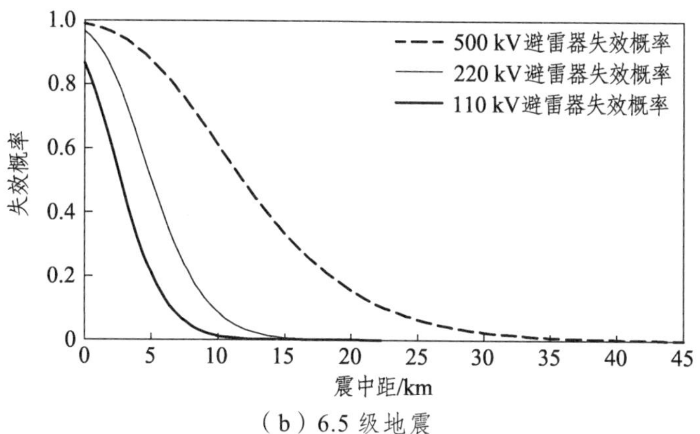

（b）6.5 级地震

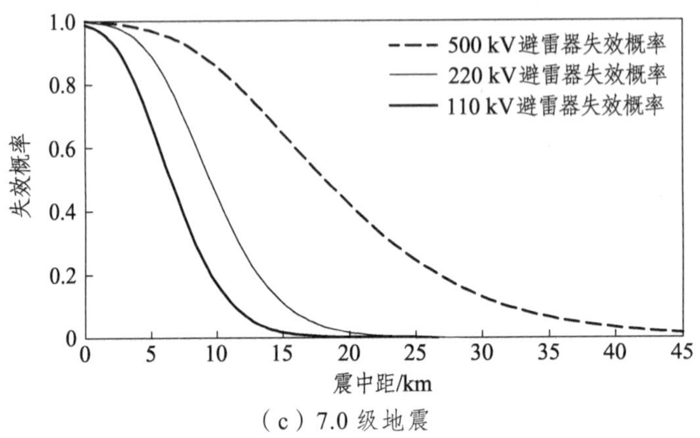

（c）7.0 级地震

图 3-16 变压器/高压电抗器套管失效概率

3.2.1.5 电压互感器易损性

调研资料显示，220 kV 电压互感器易损性高于 110 kV，而 500 kV 电压互感器缺少历史震害资料，计算依据来源于国内某型号 500 kV 电压互感器易损性分析。如图 3-17 所示，各电压等级电压互感器随着震中距增加，失效概率降低，降低幅度先快后变慢。6.0 级地震，震中距超过 5 km 后，设备失效概率低于 5%。6.5 级地震，震中距超过 10 km 后，设备失效概率低于 5%。7.0 级地震，震中距超过 10 km 后，设备失效概率低于 5%。

3.2.1.6 电流互感器易损性

电流互感器是长高型构件，主要由两部分构成：顶部为膨胀器，设有油位观察窗、接线端子等部件；底部为油箱，二者采用瓷套进行连接，满足绝缘要求。

电流互感器的损坏概率与地震强度、震中距以及电压等级等相关。经历史数据统计分析，失效概率随着震中距的增加而降低。原因在于，距离越大地震强度越低，当电流互感器与震源距离过远时，不会受到地震的影响。电流互感器电压等级越高，失效概率越高，同一电压等级的电流互感器随着地震震级的增加，失效概率也会增加，如图 3-18 所示。电流互感器的失效概率曲线数据来源于中国地震局工程力学研究所《基于概率的变电站系统抗震性能评估方法研究》中的统计数据和易损性曲线。

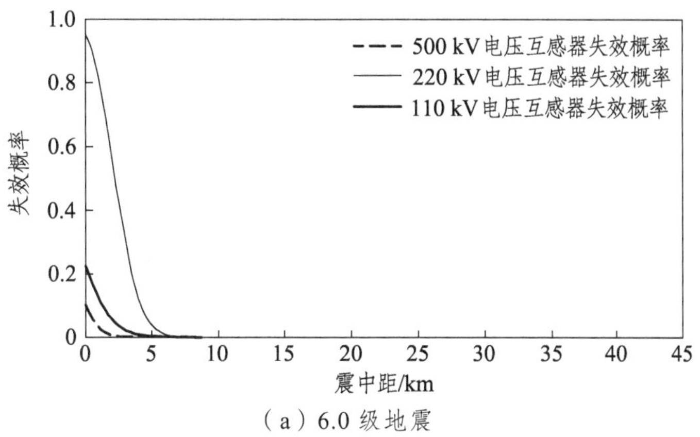

（a）6.0 级地震

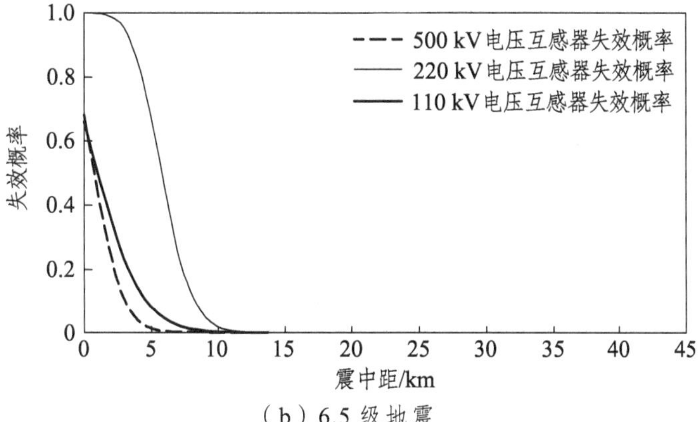

（b）6.5 级地震

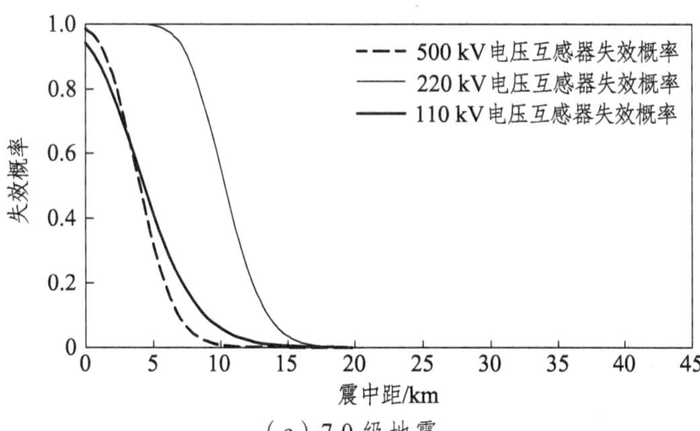

（c）7.0 级地震

图 3-17　电压互感器失效概率

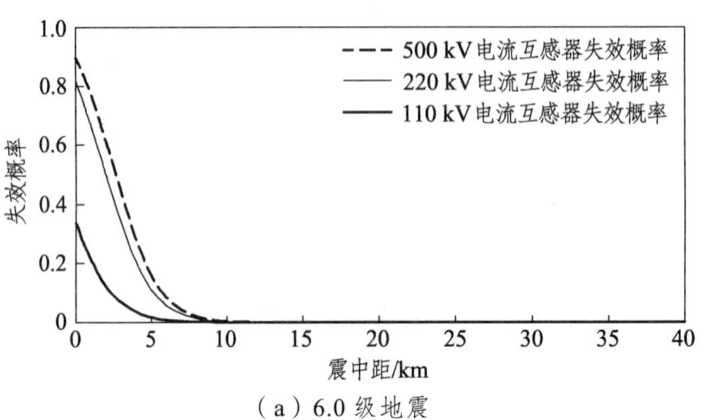

（a）6.0 级地震

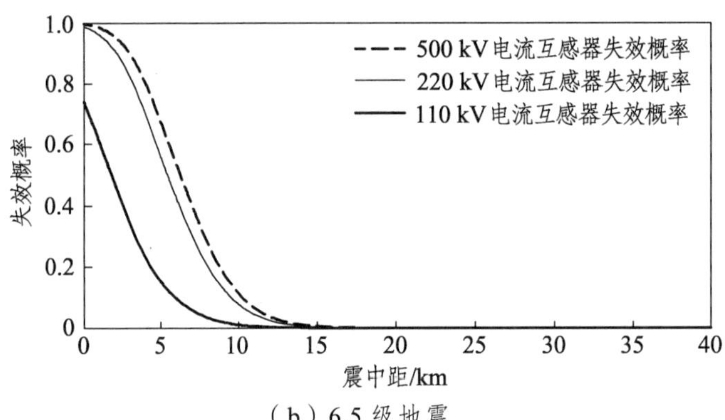

（b）6.5 级地震

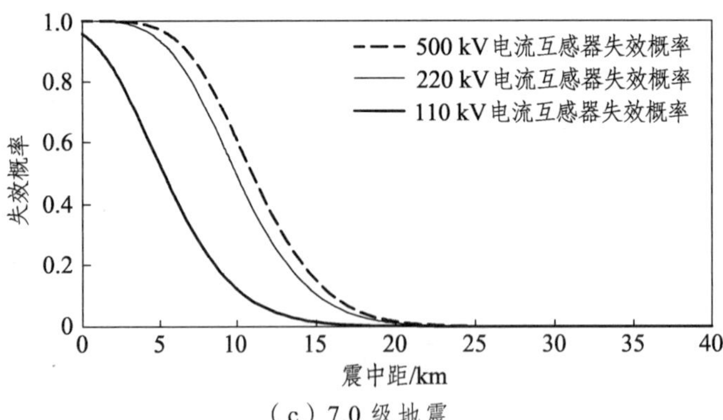

（c）7.0 级地震

图 3-18　电流互感器失效概率

3.2.2 设备受损状况评估

以 500 kV 大理变电站为例，进行设备受损状况评估，其他变电站按照同样的方法进行受损状况评估。500 kV 大理变电站中包括的主要设备有变压器、高压电抗器、隔离开关、断路器、避雷器、电压互感器、电流互感器等，站内各类设备的失效概率和震损数量评估如下。

3.2.2.1 变压器/高压电抗器套管

变压器和高压电抗器的抗震薄弱位置均为套管，地震作用下可能出现套管断裂破坏，因此，主要评估变压器/高压电抗器套管的震损情况。大理变电站内主要的变压器/高压电抗器套管的电压等级是 220 kV 及 500 kV，如表 3-7 所示。从表中数据可以看出，不同电压等级的变压器/高压电抗器套管在地震作用下表现出了不同的受损状况，同样的地震作用下，电压等级更高的 500 kV 套管失效概率更高，更容易发生破坏。在 6.0 级和 6.5 级地震作用下，站内 3 根 220 kV 套管可能有 1 根出现破坏，而在 7.0 级地震作用下，220 kV 套管可能有 2 根出现破坏。6.0 级地震作用下，站内 21 根 500 kV 套管可能有 4 根出现破坏，而随着地震作用的增加，破坏数量增加，6.5 级地震作用下可能有 9 根破坏，而 7.0 级地震作用下可能有 15 根破坏，有较高的震损风险。

表 3-7 500 kV 大理变电站变压器/高压电抗器套管失效概率及震损数量

设备电压等级	总数	6.0 级地震		6.5 级地震		7.0 级地震	
		失效概率	受损数量	失效概率	受损数量	失效概率	受损数量
110 kV	0	—	—	—	—	—	—
220 kV	3	9.58%	1	29.17%	1	58.29%	2
500 kV	21	17.30%	4	42.01%	9	70.52%	15

3.2.2.2 隔离开关

从表 3-8 中可以发现，在 6.0 级地震下大理变电站隔离开关均未发生破坏，同时隔离开关的失效概率不大于 2%，所以非常安全。在 6.5 级地震下，有 3 个 220 kV 隔离开关受损，虽然 500 kV 隔离开关未发生破坏，但其失效概率已经达到 17%，因此存在一定的失效风险。在 7.0 级地震下，有 16 个 220 kV 隔离开关和 2 个 500 kV 隔离开关受损，震害较为严重，同时两种电压等级的隔离开关的失效概率均较高，因此应该重点关注。

表 3-8　500 kV 大理变电站隔离开关失效概率及震损数量

设备电压等级	总数	6.0 级地震		6.5 级地震		7.0 级地震	
		失效概率	受损数量	失效概率	受损数量	失效概率	受损数量
110 kV	0	0.002%	—	0.656%	—	18.347%	—
220 kV	40	0.289%	0	6.622%	3	40.150%	16
500 kV	3	1.569%	0	17.106%	0	59.960%	2

3.2.2.3　断路器

断路的抗震薄弱位置为陶瓷绝缘子根部，在地震作用下可能会出现陶瓷绝缘子根部破裂或者整根断裂破坏。因此，主要评估断路器陶瓷绝缘子的震损情况，如表 3-9 所示。从表中数据可以看出，不同电压等级的断路器在地震作用下表现出了不同的受损状况。其中，500 kV 断路器在地震作用下破坏的概率最大，因为随着电压等级的提升，断路器的尺寸和重量也会变大，在同样的地震作用下响应也会增大。在 3 种不同震级的地震中，7.0 级地震对断路器可能造成的破坏最为严重，其次是 6.5 级地震，影响最小的是 6.0 级地震，这一结果也符合地震工程学常理。

表 3-9　500 kV 大理变电站断路器失效概率及震损数量

设备电压等级	6.0 级地震		6.5 级地震		7.0 级地震	
	失效概率	受损数量	失效概率	受损数量	失效概率	受损数量
110 kV	0.75%	—	10.95%	—	48.93%	—
220 kV	9.12%	2	34.93%	7	71.18%	15
500 kV	13.57%	2	47.04%	7	82.93%	11

3.2.2.4　避雷器

避雷器属于支柱类设备，下部为底部钢支承结构，上部由支柱绝缘子、内部导体和电气连接件等元件组成。避雷器的抗震薄弱位置为上部绝缘子根部，在地震作用下可能出现绝缘子根部断裂破坏。因此，以避雷器绝缘子根部断裂破坏作为指标，以评估避雷器的震损情况，如表 3-10 所示。从表中数据可以看出，不同电压等级的避雷器在地震作用下表现出了不同的受损状况。

当地震震级相同时，避雷器电压等级越高，失效概率越高，受损数量也随着电压等级升高而增加。同一电压等级下，受损数量随着震级的升高而增加。

表 3-10　500 kV 大理变电站避雷器失效概率及震损数量

设备电压等级	总数	6.0 级地震		6.5 级地震		7.0 级地震	
		失效概率	受损数量	失效概率	受损数量	失效概率	受损数量
110 kV	0	0	—	0.40%	—	8.91%	—
220 kV	12	0.14%	0	4.07%	0	30.91%	4
500 kV	35	22.74%	8	51.74%	18	79.81%	18

3.2.2.5　电压互感器

电压互感器的抗震薄弱位置为底层支柱绝缘子根部，在地震作用下可能出现绝缘子断裂破坏或者法兰连接处破坏。因此，主要关注电压互感器支柱绝缘子的震损情况，如表 3-11 所示。从表中数据可以看出，不同电压等级的电压互感器在地震作用下表现出了不同的受损状况，根据现有资料深度分析来看，7.0 级地震发生时，220 kV 电压互感器受损较严重，其他电压等级受损概率低。地震震级<6.5 级时，电压互感器类设备受损概率低。

表 3-11　500 kV 大理变电站电压互感器失效概率及震损数量

设备电压等级	总数	6.0 级地震		6.5 级地震		7.0 级地震	
		失效概率	受损数量	失效概率	受损数量	失效概率	受损数量
110 kV	0	0	—	0.1%	—	2.6%	—
220 kV	41	0	1	0.3%	1	30.1%	13
500 kV	26	0	1	0	1	0.1%	1

3.2.2.6　电流互感器

电流互感器的破坏模式基本都是陶瓷部件破坏，瓷瓶根部折弯或断裂。因此，主要评估电流互感器的震损情况，如表 3-12 所示。从表中数据可以看出，不同电压等级的电流互感器在地震作用下表现出了不同的受损状况。电流互感器包括 SF_6 电流互感器、光电式电流互感器、油浸式电流互感器、中性点电流互感器等。由于大理变电站中 110 kV 的电流互感器仅有一个，其受损数量计算后舍为 0，因此数据上均为 0 值，220 kV 和 500 kV 的电流互感器分别有 60 和 79 个。在 6.5 级地震时，大理变电站中 220 kV 的电流互感器预测会有 2 个受到损伤导致失效，500 kV 的电流互感器约 4 个失效。随着地震震级的提高，受损数量增加，220 kV 电流互感器增加为 20 个，500 kV 电流互感器增加为 33 个。与此同时可以看到，随着电流互感器电压等级的增加，失效概率不断增加，受损数量需考虑设备总数，不作为比较数据，说明高电压等级的设备在地震作用下表现更加脆弱，更易受到损伤和破坏。

表 3-12　500 kV 大理变电站电流互感器失效概率及震损数量

设备电压等级	总数	6.0 级地震		6.5 级地震		7.0 级地震	
		失效概率	受损数量	失效概率	受损数量	失效概率	受损数量
110 kV	1	0.2%	0	0.8%	0	6.7%	0
220 kV	60	0.4%	0	3.2%	2	32.8%	20
500 kV	79	0.5%	0	5.0%	4	42%	33

第4章

变电站设备震损评估技术

Shumuta 等对在一个电网内的变电站设备的升级改造提出决策方法，并介绍了 4 个等级的性能指标，用以确定设备升级的优先次序。这些分别是基于设备抵抗力的确定性评估、设备脆弱性的评估、系统性能的评估和全系统的成本效益分析。在一个假设电网上的应用表明，该方法在减少预期总成本方面是很有效的。Shinozuka 等人使用了设定地震法和蒙特卡罗模拟，并与系统和功率流分析相结合，为洛杉矶、加利福尼亚州地区的电网确定了风险曲线。这种分析的结果可以用来评估由于电力设备和电网遭受地震破坏而造成的直接和间接的损失。Nuti 等人扩展了他们的前期工作，考虑了卡塔尼亚（意大利城市）当地土壤条件对其电网的地震安全性的影响，适用于 3 种假设地震。采用了较详细的电网模型和蒙特卡罗模拟，并结合功率流分析，解释了短路的影响。本节提出了在卡塔尼亚各直辖市对应于每个假设地震中停电的概率。此外，还介绍了"补给短缺伤亡"的衡量方法，该方法结合电力中断和人口密度，提出一个由电力供应中断而受影响人数的估计。结果表明，当地土壤条件对电网的性能有着显著的影响。Xu 等人讨论了地震破坏后的电力恢复问题，提出一套完整的程序，对考察、灾害评估以及修复任务确定一个最优时刻表，以便尽量减少每个用户处电力中断的平均时间。该方法在洛杉矶、加州的电力系统应用中得到了证明。

4.1 变电站设备地震损伤特征值提取算法

电力系统是关系国家经济命脉的生命线工程，其一旦在地震中遭受损坏，将会严重影响人民的正常生活和生命财产安全，严重时还将造成震区及周边地区的大面积停电，还有可能引发火灾、爆炸等次生灾害，妨碍震后的抢修救援工作，造成巨大的经济损失。随着我国特高压电网的快速建设，区域设施或局部设备故障影响全网的风险日益增大，电网基础设施面临的地震灾害威胁逐步扩大。建设能够主动防御、快速响应的韧性电网势在必行，这迫切需要展开电网基础设施的抗震韧性评估方法与韧性提升关键技术研究，以增强电网在地震灾害中的抵御水平。作者团队从变电站关键特征及震后重要功能指标入手，通过可靠性、健壮性、修复时间和抗震韧性指数 4 个方面介绍变电站抗震韧性评估理论体系。

4.1.1 变电站抗震可靠性

抗震可靠性是指系统在地震作用下保持功能可靠的概率，它是衡量变电站抗震能力的关键特征之一。20 世纪 80 年代以前，电力系统抗震研究主要集中在高压电气设备的抗震性能方面。从 20 世纪 90 年代起，一些学者开始对电力系统的抗震可靠性进行研究，将变电站视为系统节点并以易损性曲线描述其抗震性能。

在 Pires JA 和 Ang AHS 等人的研究中，变电站的易损性由关键设备的易损性确定，这些设备对变电站的正常运行起到决定性的作用，包括电压互感器、断路器、电流互感器、耦联电容器、隔离开关和母线支承。

李天等对不同主接线连接形式的高压变电站进行了系统的分析，几乎包括所有的电气设备，并提出了评价变电站可靠性的 3 个准则：①只要有一条线路有输出；②所有的线路都有输出；③保证某一特定线路有输出。从实现变电站功能的角度：一是对变电站的最低要求；二是最高要求；三是特殊要求，针对某一条线路特别重要的情况，比如供给医院、大型工厂等，其给出了不同性能准则下计算变电站可靠性的公式，简化了可靠性评估的流程。

Hwang 等对一个 115 kV 变电站进行了系统研究。变电站的易损性由部件的易损性决定，这与其他研究是相同的，其创新点在于将事件树／故障树方法引入变电站系统分析中，充分考虑了各个部件之间的关联性。文中针对 115 kV 的部分进行分析，将变电站划分为 8 个部件（既有微观部件也有宏观部件），每个部件考虑成功、失效两种状态，因此共有 $2^8=256$ 种组合。针对这 256 种组合，Hwang 分析了每一种组合的后果并计算相关概率，将所有导致系统失效的组合的概率相加，即可得到变电站的失效概率。Volkanovski 等通过故障树建立了变电站系统的基本模型，所建模型能够清楚、完整地表达系统单元之间的逻辑关系，并通过最小割法对建立的故障树进行简化。

考虑到变电站中存在的冗余性，李吉超对现有系统分析评估方法进行介绍，指出不足之处并提出一种新的系统分析方法，将故障树方法与成功路径概念相结合，称之为状态树方法。针对一个典型的 220 kV 变电站，以输送电能为目标，定义了变电站系统的功能。结合变电站平面布置、电气连接方式建立了完整的状态树模型，描述了变电站中各部件的逻辑关系，用以评估复杂系统的地震可靠性。

针对变电站系统后评估过程中的计算效率问题，刘晓航等提出基于邻接矩阵的可靠性评估流程用以分析变电站系统。邻接矩阵所建立的边权模型能够直观地反映系统单元和设备间的逻辑关系，拟 Warshall 算法通过对邻接矩阵元素的布尔运算高效求解连通性矩阵，从而以拟蒙特卡罗模拟方法计算出整个系统的功能状态，基于此评估流程研究了一个典型的 6 进线 10 出线 220/110/10 kV 变电站，计算其抗震可靠性并确定了抗震关键设备。

4.1.2 健壮性及修复时间

抗震健壮性是指系统在地震作用下抵抗破坏并维持功能水平的能力，因此变电站在地震作用下的剩余功能水平是衡量其健壮性的关键指标，也是衡量变电站抗震能力的重要指标。除此之外，建立在变电站功能受损的前提下，按照电气设备修复原则对系统进行抢修，将从地震结束时刻到变电站功能恢复到初始状态的时间称为变电站震后修复时间。因此，为得到变电站的剩余功能水平及修复时间，采用有向逻辑图、拓扑结构图等形式进行建模，施加地震作用并对模型进行模拟分析，设立变电站的震后功能恢复函数 $Q(t)$，即为变电站功能恢复水平随时间变化的函数。当地震发生时，变电站的剩余功能水平与修复时间成反比关系，即变电站剩余功能越多，所需修复时间越少。除此之外，变电站的剩余功能水平与修复时间直接决定了社区影响及经济损失的多少，因此二者是衡量变电站抗震韧性的重要参数指标。

4.1.3 抗震韧性指数

根据变电站关键特征及震后重要参数指标，如何将其整合从而全面地描述变电站的抗震韧性是目前研究的重点。2009 年，美国能源部在《智能电网系统报告》中首次提出韧性是智能电网系统发展的必然趋势。美国国土安全部在 2010 年的《能源部门发展计划——国家基础设施保护计划》中明确指出建立韧性电网要注重提高其灾后可恢复能力；日本在 2014 年发布的《能源战略计划》中将电网的工作重点从灾害预防转移到增强灾害抵御和灾后恢复能力的韧性研究上；2015 年，欧洲委员会提倡欧盟各国合作成立韧性能源联盟，涵盖电力和化石能源；2017 年中国地震局提出“韧性城乡”的建设和国家电网公司“智能电网”的发展都将电网韧性的提升作为基础。

韧性（resilience）起源于拉丁文“resiliere”，译为反弹恢复。其概念最早由加拿大生态学家 Holling 引入生态学领域以描述生态系统在扰动后维持稳定的能力或稳定被打破后恢复至新稳定状态的能力。之后，韧性的概念逐渐扩展到经济学、环境学、社会学、供应链以及土木工程等领域，广泛应用于评价个体、集体或系统承受和吸收外部扰动能量以及扰动后快速恢复的能力。

美国能源部已针对包括电力在内的能源系统搭建起概念性的韧性分析框架作为指导，如图 4-1 所示，分为韧性目标定义、研究对象和韧性指标定义、扰动事件定义、扰动程度确定、系统模型建立与分析、扰动后果量化评估、韧性改进措施评估等 7 大部分。

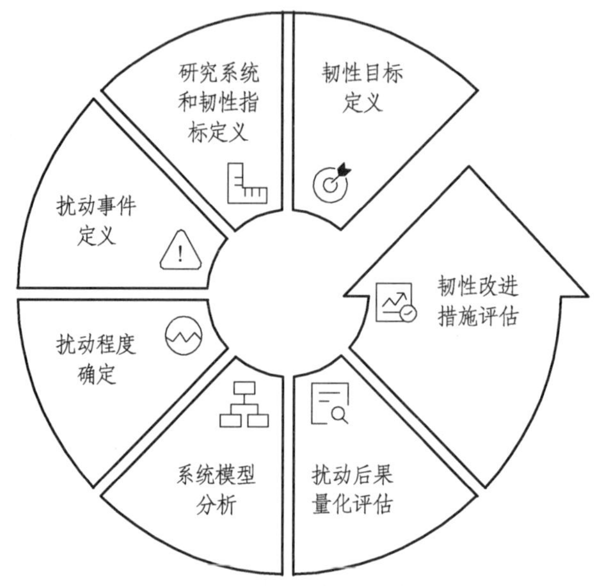

图 4-1　能源系统通用性的韧性分析流程

随着全球地震灾害威胁的增大，研究人员开始对能源系统的抗震性能展开研究，尤其是电力系统等基础设施得到越来越多的关注，但国内外直接关于变电站系统抗震韧性的研究较少，部分涉及利用震害资料进行变电站震后恢复时间的统计，更多的研究集中于整个电网的灾害韧性概念定义和评估分析，但在其中对变电站进行了节点化简化处理，未将变电站所含设备的布置和接线方式进行考虑。而变电站本身是 1 个由众多类型不同的设备和控制装置组成的具有冗余度的复杂系统，目前对于变电站抗震韧性的概念和目标并未明确，变电站抗震韧性的评价指标、评价方法和系统模型等也并不完善。为了避免对变电站系统进行大量简化假设的处理方式，更精确全面地评估变电站系统的抗震韧性，本节针对变电站系统结构和功能的特点，结合概念性的韧性分析框架，提出抗震韧性评估框架流程，见图 4-2，变电站系统功能示意韧性曲线和抗震韧性评价指标见图 4-3。

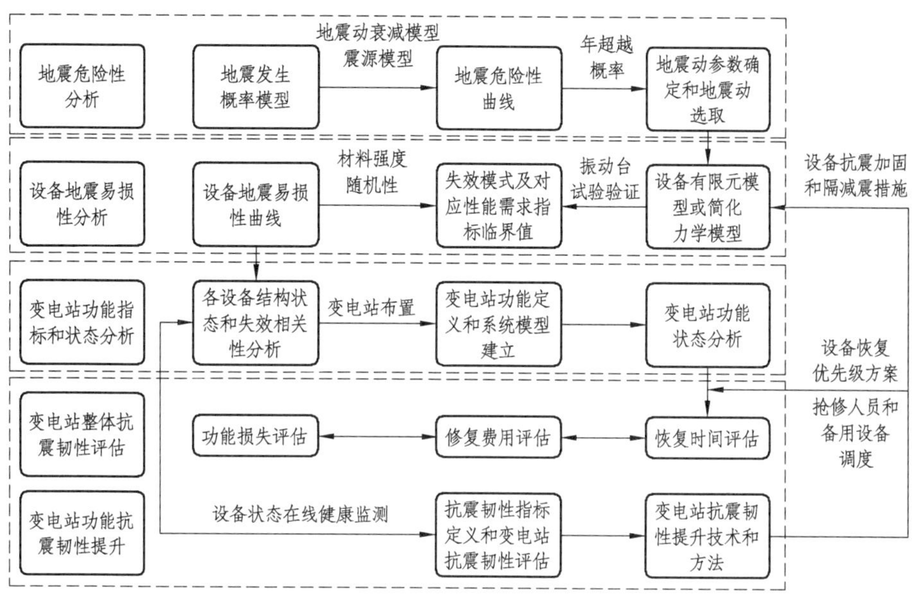

图 4-2　变电站系统抗震韧性评估框架

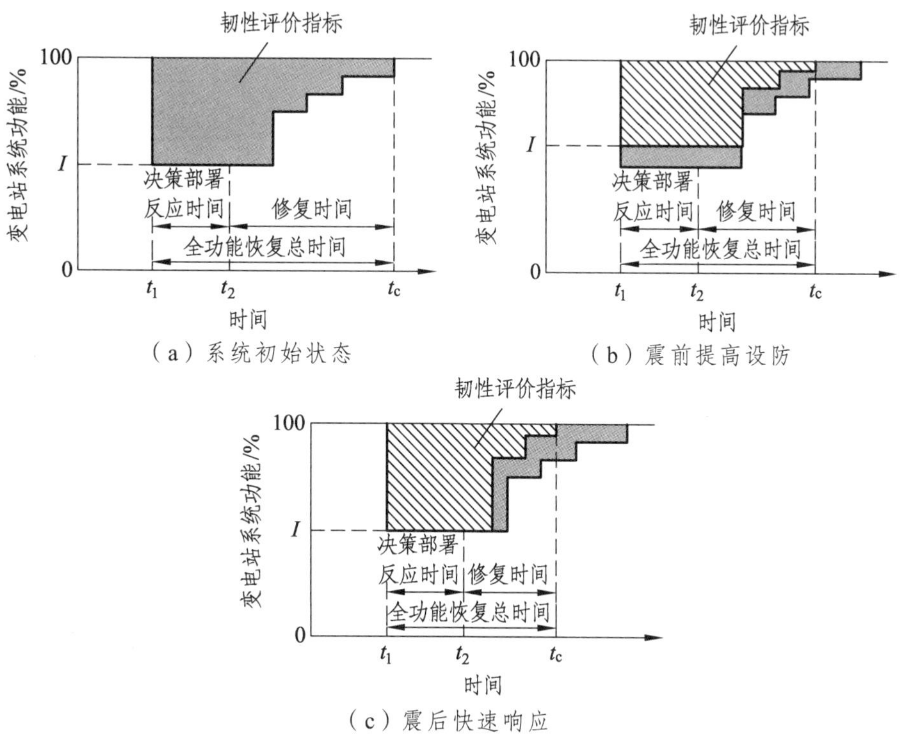

图 4-3　变电站系统功能示意韧性曲线和抗震韧性评价指标

4.2 基于奇异值分解的变电站设备健康监测传感器布置算法

4.2.1 变电站设备的健康监测

结构健康监测，广义上是指利用各类无损传感器，对目标结构特征信息进行采集，后通过对所采集信息的系统性分析，预测结构的各类响应，达到准确探测和甄别结构损伤与性能变化的目的。结构健康监测和损伤检测的研究，目前可以说主要是依赖结构动力特性的测试来进行分析，因此，模态测试技术就成为损伤检测的主要手段。在进行模态测试时，需要确定测点的布置问题，即需要多少个测点数目，同时也需要知道这些测点的布点位置。

近年来，人们对于大型柔性结构（主要为航空、航天中的空间结构）中传感器、作动器的最优布置问题进行了广泛的研究，提出了许多测点优化的计算方法，这些计算方法各有优劣。对于大型柔性空间结构，测点最优布置主要基于以下原因：一是使各种费用最小化，包括：设备费用、数据处理传输以及最小的占用数据通道；二是这些布点方案可以从有噪声的测量数据中得出较好的模型参数估计；三是通过对大型结构模型改善结构控制；四是可以有效地确定结构特性及其变化，改进结构整体性能评估系统；五是对于大型柔性结构，通过优化测点布置，提高对结构早期损伤的识别能力。

但变电站设备的结构不同于空间结构，两者之间一个非常重要的差距就是建模水平的不确定性。由于二者对结构的精度要求相差极大，空间结构常要求精确建模，对模型误差要求很严，如与拥有较大惯量的变电站设备结构不同，航空、航天结构在一个相对较宽的带宽范围内，容易激励起响应，而变电站设备则对建模要求相对宽松，允许存在模型误差，两者分属于不同学科。目前，对于变电站设备的健康监测汇总，传感器布置方法还存在很多不足。

4.2.2 变电站设备健康监测传感器布置方法

为解决目前变电站设备健康监测方面传感器布置方法存在不足的问题，提供一种基于奇异值分解的变电站设备健康监测传感器布置方法。

4.2.2.1 基于奇异值分解的变电站设备健康监测传感器布置方法流程

基于奇异值分解的变电站设备健康监测传感器布置方法，包括：对目标结构进行建模及模态分析，计算其基本振型；选取第一预设阶数的基本振型作为目标振型，选择第二预设阶数的模态作为目标模态；根据目标振型和目标模态确定目标结构的第一模态矩阵；删除节点的不可测自由度，得到目标结构的第二模态矩阵；对第二模态矩阵进行奇异值分解，提取非零奇异值所对应的 n 个左奇异向量组成矩阵；计算左奇异向量的 $\boldsymbol{H}\cdot\boldsymbol{H}^{\mathrm{T}}$，将最小对角元素所在的行列删除，重复迭代计算，直至达到预设数量的传感器数目。其示意图如图 4-4 所示。此发明具有在环境噪声影响下，可以用尽量少的传感器得到尽可能多的可以反映结构参数变化的信息。另外在已有的传感器布置基础上，可以通过增加新的传感器对结构一些特殊部位或感兴趣的部分模态进行数据重点采集，布点方案对结构的损伤较为敏感，综合考虑了结构以及传感器的性能等，使得设备、数据传输处理等费用最小化。

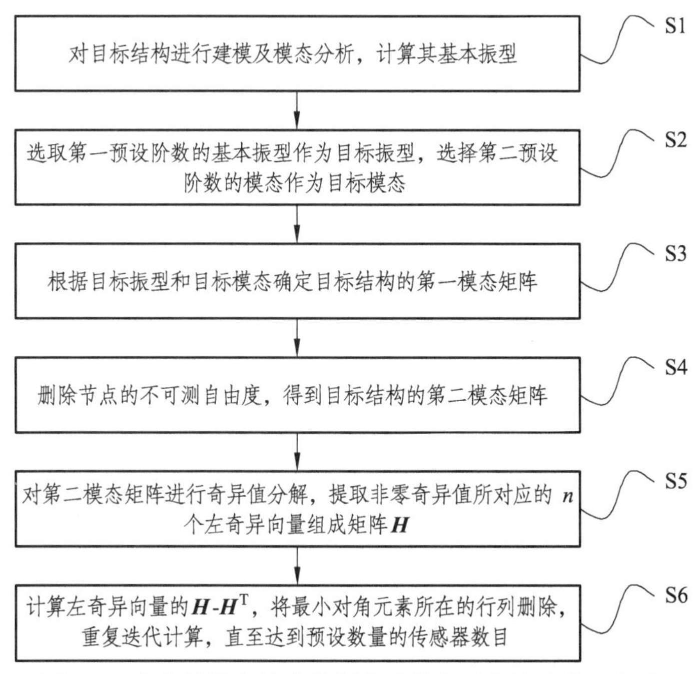

图 4-4　变电站设备健康监测传感器布置方法流程示意图

4.2.2.2　传感器布置方法的具体实施

实施方案既可以对新布置的传感器进行优化，又可以对已有的传感器布置进行优化。可以在噪声，如风振产生的噪声，温差、传感器测量误差导致的噪声的影响下，用尽量少的传感器得到尽可能多的可以反映结构参数变化的信息，通过优化后的传感器测得的监测数据可以获得更接近实际结构的响应。

S1：对目标结构进行建模及模态分析，计算其基本振型，目标结构包括多个节点。

为了更充分地了解此方法的特点及其对工程实际的适用性，本方法实施例以变电站设备中常见的支柱类设备为原型进行说明。如图 4-5 所示是本方法实施案例提供的钢模型悬臂梁离散模型的示意图。下面以图 4-5 中所示的钢模型悬臂梁（以下简称为悬臂梁）作为目标结构中的算例模型，一种实施例中，可以将悬臂梁离散为 30 个等长度平面梁单元，则该悬臂梁一共具有 31 个节点。每个节点具有两个平动（水平和竖向）自由度和一个转角自由度，计算中只考虑平面内振动。

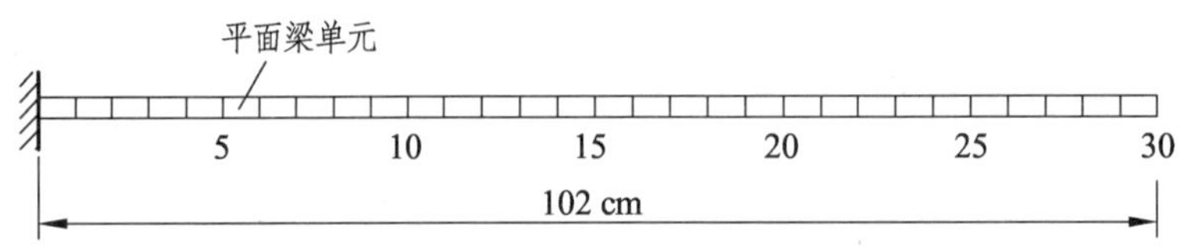

图 4-5　钢模型悬臂梁离散模型的示意图

悬臂梁具有一定的截面面积、截面惯性矩和长度，例如，悬臂梁的截面面积为 $7.5\times10^{-4}\ \mathrm{m}^2$，截面惯性矩为 $1.406\times10^{-8}\ \mathrm{m}^4$，具体结构单元和节点编号如图 4-5 所示。本方法对目标结构不做限定，可以根据工程实际情况而定。选定好目标结构后，对目标结构进行建模并进行模态分析。模态分析是研究结构动力特性的一种方法，一般应用在工程振动领域。其中，模态是指机械结构的固有振动特性，每一个模态都有特定的固有频率、阻尼比和模态振型。分析这些模态参数的过程称为模态分析。根据对目标结构的建模及模态分析结果，计算目标结构的基本振型。其中，振型是指弹性体或弹性系统自身固有的振动形式。可用质点在振动时的相对位置即振动曲线来描述。由于多质点体系有多个自由度，故可出现多种振型，同时有多个自振频率，其中与最小自振频率（又称基本频率）相应的振型为基本振型。

S2：选取第一预设阶数的基本振型作为目标振型，选择第二预设阶数的模态作为目标模态，模态是由目标物经过建模之后得出的。

对目标物进行建模后，可以得到模态。对于变电站电气设备而言，一般主要的基本振型选择前 10 阶即可满足需求，即在选择目标振型时，基本振型的阶数小于 10，优选的，第一预设阶数为 6 阶，第二预设阶数为 6 阶。

S3：根据目标振型和目标模态确定目标结构的第一模态矩阵。

根据实际工程情况以及结构形式，选择前 p 个主要的基本振型，确定需要监测的 p 个基本振型所组成的第一模态矩阵如 $\varphi_{r\times p}$，第一模态矩阵是理论计算结果，其中 r

为结构自由度数目。一种实施方式中，选择前 6 阶竖向基本振型作为目标振型，选取前 6 阶模态为测试的目标模态。为了对比悬臂梁刚度变化时传感器布置的分布情况，可以将悬臂梁分为两部分：1～19 共 19 个单元为第 1 部分，20～30 共 11 个单元为第 2 部分，两部分的截面惯性矩分别用 I_2 和 I_1 表示，第 2 部分与第 1 部分的刚度比 I_2/I_1 分别取为 0.01、0.1、1、10 和 100 时计算传感器沿悬臂梁的分布情况。在 5 种不同刚度的分布情况下，对此悬臂梁进行传感器优化布点选择。

S4：删除节点的不可测自由度，得到目标结构的第二模态矩阵。

将节点的不可测自由度删除，剩余自由度数目为 n，得到目标结构的新的目标模态矩阵即第二模态矩阵 $\varphi_{n\times p}$，其中，不可测自由度包括目标结构的转角自由度和无法布置测点的自由度。第一模态矩阵是理论上的计算结果，第二模态矩阵是删除了不可测自由度之后的矩阵，其中，剩余自由度更接近可实现的监测方案，从第一模态矩阵缩减到第二模态矩阵可以将其理解为对传感器布置优化方案的第一步。

S5：对第二模态矩阵进行奇异值分解，提取非零奇异值所对应的 n 个左奇异向量组成矩阵 $\boldsymbol{H}$。

结合步骤 S4，一种实施方式中，首先可以删除节点的水平位移和转角自由度，保留了 30 个竖向位移自由度，然后对 30 个候选测点（候选测点就是这 30 个竖向位移自由度）的前六阶模态振型进行奇异值分解。奇异值分解是一种矩阵分解的方法，用奇异值分解对目标模态 $\varphi_{n\times p}$ 进行处理，提取非零奇异值所对应的 n 个左奇异向量，这 n 个向量组成矩阵 $\boldsymbol{H}$，矩阵 $\boldsymbol{H}$ 的每一行代表每一个候选自由度对于目标结构总自由度的贡献。

S6：计算左奇异向量的 $\boldsymbol{H}\cdot\boldsymbol{H}^{\mathrm{T}}$，将最小对角元素所在的行列删除，重复迭代计算，直至达到预设数量的传感器数目。

本方法实施案例中，传感器数目由目标结构的监测需要和变电站设备的要求来决定。在具有在环境噪声影响下，可以用尽量少的传感器得到尽可能多的可以反映结构参数变化的信息。在目标结构已有传感器的情况下，可以通过增加新的传感器对目标结构一些特殊部位或感兴趣的部分模态进行数据重点采集。为了增强对于目标结构的健康监测，布点方案选取应遵循一定的原则，例如，传感器在布置时，所监测的数据应能够对目标结构的损伤较为敏感。再如，应综合考虑目标结构以及传感器的性能等，使得设备、数据传输处理等费用最小化。

在步骤 S6 中，计算左奇异向量的 $\boldsymbol{H}\cdot\boldsymbol{H}^{\mathrm{T}}$，根据对角线元素的大小，将最小对角元素所在的行列删除。n 个左奇异向量组成的矩阵 $\boldsymbol{H}$ 的每一行代表每一个候选自由度对于总体 R 的贡献。按照上述方法重复迭代计算，每次删除一个候选测点，直到需要保留的传感器测点数目为止。

需要说明的是，本方法实施例中，对第二模态矩阵进行奇异值分解导致了分解为几个分量之和，每个分量代表 ***H*** 矩阵的行对于总体矩阵的贡献。根据对角元素的大小，可以衡量每个行向量对相关系数的贡献。如果某一值很小，表示对应的行贡献很小，可以首先删除。删除最小对角元素可以缩减自由度以达到优化效果。

如表 4-1 所示为传感器测点选择参考表。表 4-1 中，测点的选择方向是从左向右，当以前 6 阶模态为目标模态时，以 $I_2/I_1 = 1$ 为例，如果布置 6 个测点，则测点的位置应该选择第 30、25、20、15、10、5 共 6 点，如果布置 9 个测点，则测点的位置应该选择第 30、25、20、15、10、5、26、6、16 共 9 点。测点的选择方向表明了每一个测点对目标模态有效独立性大小的贡献顺序。此例中，假设保留 15 个测点（此处 15 个仅是假设的个数，是通过优化算法迭代缩减得到的，表 4-1 仅示意性地示出这个过程），则计算所得最后测点的选择方案如表 4-1 所示。

表 4-1　传感器测点选择参考表

测点优化布置的选择方向（$I_2/I_1 = 0.01$）（自左向右）														
30	25	19	28	22	10	27	24	11	21	18	13	9	26	29
测点优化布置的选择方向（$I_2/I_1 = 0.1$）（自左向右）														
30	23	19	13	27	7	20	14	26	6	24	22	29	8	12
测点优化布置的选择方向（$I_2/I_1 = 1$）（自左向右）														
30	25	20	15	10	5	26	6	16	11	21	29	13	16	10
测点优化布置的选择方向（$I_2/I_1 = 10$）（自左向右）														
30	24	18	14	9	5	12	4	17	23	8	29	23	16	10
测点优化布置的选择方向（$I_2/I_1 = 100$）（自左向右）														
3	7	11	15	19	30	4	14	10	18	29	6	8	12	20

如图 4-6 所示是本方法实施例提供的 5 种不同刚度分布时 MAC 矩形非对角元素最大值随测点数量的变化示意图。MAC 矩阵（Modal Assurance Criterion，模态置信矩阵）也称为振型相关系数，是振型向量之间的点积，用于评价模态振型向量空间（几何）上的相关性一个工具，计算得到的标量值在 0 ~ 1 之间或用百分数来表示。振型相关系数（MAC）的计算，以此来检查实验模型数据的好坏。

5 种不同的刚度分布情况下，MAC 矩形非对角元素最大值随测点数量的变化如图 4-6 所示。图 4-6 中，横向代表测点数量，纵向代表 MAC 矩形非对角元素最大值，各个曲线代表 I_2/I_1 即刚度比。由图 4-6 所示，在不同的刚度分布情况下，有相同数量的测点时，由测点的布置情况可以看出，在刚度较低的部分，测点分布的密度较高；在刚度较高的部分，测点分布的密度较低；当刚度均匀分布时，测点的分布也大体是均匀的。

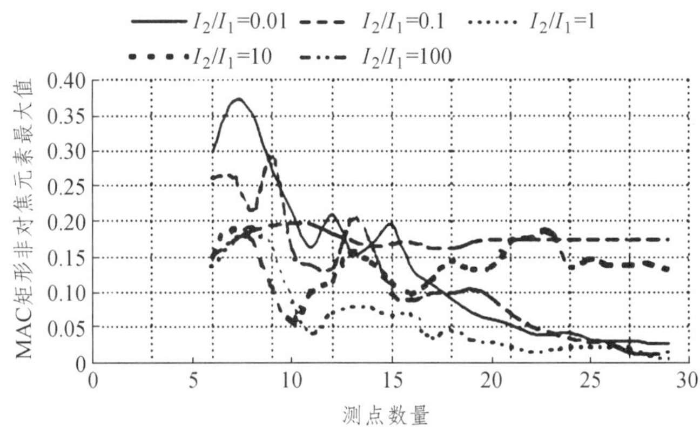

图 4-6 5 种不同刚度分布时 MAC 矩形非对角元素最大值随测点数量的变化示意图

如图 4-7 所示是本方法实施案例提供的不同刚度分布情况下的奇异值分解方法的计算结果示意图。5 种不同的刚度分布情况下，布置 12 个测点时的简图如图 4-7 所示，这 12 个测点就是表 4-1 的前 12 个测点位置。表 4-1 中，自上而下依次为 I_2/I_1 分别为 0.01、0.1、1、10、100 时的测点分布，黑色三角符号表示测点位置。

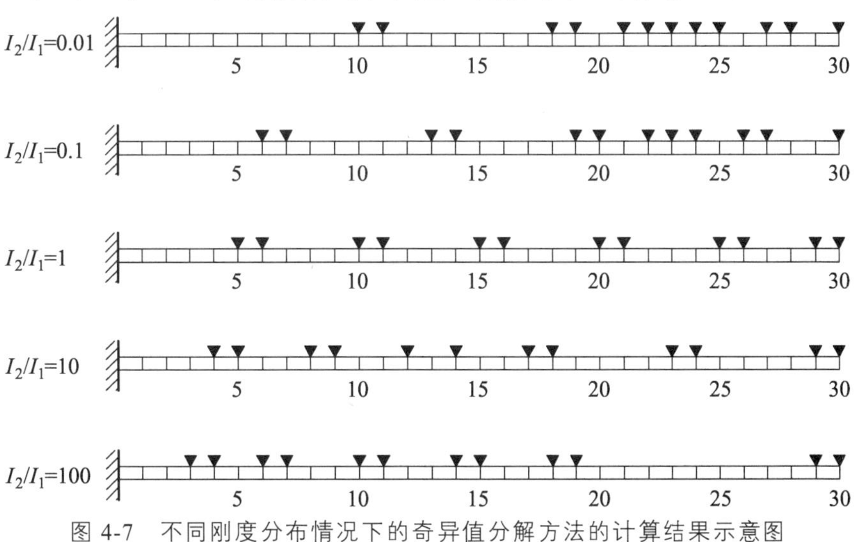

图 4-7 不同刚度分布情况下的奇异值分解方法的计算结果示意图

本方法实施案例充分考虑了实际工程中电力设备及目标结构，如重要建筑结构布设监测传感器的可行性和便利性，方法简洁，可以快速得到传感器的测点位置及测点数量，优化效果明显。通过实测信息反映的结构模型可以用以修正分析模型的误差，从而使实测的结构模态反映结构的真正性能。

4.3 用于电力设备高光谱图像的降噪方法

4.3.1 高光谱图像

HSI 为 Hyper Spectral Image 的缩写，即高光谱图像。高光谱技术是一项将成像与光谱技术相结合的信息提取技术，其通过像元光谱信息的分析，借助多个窄波段的特征信息，达到目标物体特性的分类识别这一目的。高光谱图像在采集、转换、传输、压缩和储存等过程中，常会因成像设备与外部环境因素的影响而引入噪声。常见的噪声类型有条带噪声、高斯噪声、脉冲噪声等。在电力设备的识别方面，由于近年来大气污染状况日趋严重，造成的雾霾天气数量增多，降低了高光谱图像的质量和可用性，进而影响了后续信息的提取精度。

目前已有的高光谱图像降噪算法主要归纳为两类：

（1）一类是基于空间维的降噪算法。此类算法从人类的视觉角度出发，将高光谱图像的每个波段视为灰度图像，直接应用数字图像处理领域中的已经发展得较为成熟的灰度图像或者 RGB 图像降噪算法对高光谱图像进行逐波段降噪。

（2）另一类是基于联合空间光谱维的降噪算法。在空间维中，此类算法对每一个像素的降噪强度应根据不同地物类型进行自适应调节；同样在光谱维中，此类算法对每一个波段的降噪强度也应根据不同波段的噪声强度进行自适应调节。

目前提出的高光谱图像降噪算法无法达到理想的应用水平。大多数算法针对的仅仅是高光谱图像中的加性噪声，对存在野点的高光谱图像降噪方法健壮性较差，同时未充分考虑真实观测场景中，高光谱图像不同波段的噪声强度不同的特点。

4.3.2 一种用于电力设备高光谱图像的降噪方法

4.3.2.1 降噪方法的技术方案

一种用于电力设备高光谱图像的降噪方法，其流程框图如图 4-8 所示，包括以下步骤：

采集原始 HSI 信息；

将原始 HSI 信息进行收缩路径数据处理，得到收缩数据；

将收缩数据进行扩展路径数据处理，得到扩展数据；

将扩展数据进行残差结构数据处理，获得去噪的 HSI 信息。

提取收缩路径数据处理后的 HSI 噪声特征，并在扩展路径数据处理采样时与新的特征映射相结合，保留收缩路径数据处理采样时的部分特征信息，获得多尺度特征信息，恢复 HSI 噪声，采用多通道滤波结合 HSI 的空间谱信息提取和重构 HSI 噪声信息特征，进而去除 HSI 噪声信息获得去噪的 HSI 信息。

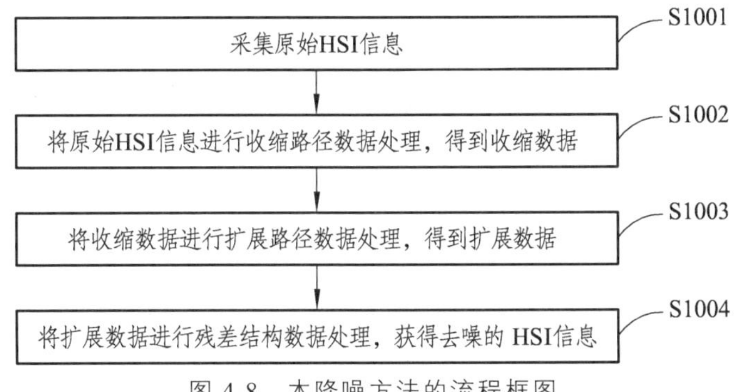

图 4-8　本降噪方法的流程框图

本设计采用电力设备高光谱图像的降噪方法，将扩展数据进行残差结构数据处理，HSI 噪声在不同场景下具有共性，残差学习策略可有效地利用这一特性来获取噪声，并对不同场景下的 HSI 去噪任务具有较强的健壮性。另外，利用残差结构可有效地训练深层神经网络。通过提取收缩路径数据处理后的 HSI 噪声特征，并在扩展路径上采样时与新的特征映射相结合，有效地保留了收缩路径数据处理采样时的部分特征信息，获得多尺度特征，恢复 HSI 噪声，去除 HSI 噪声信息获得去噪的 HSI 信息。本方法高效实现高光谱图像的噪声去除的目的，提高了高光谱图像识别的可靠性和质量，降噪性能优异。本方法的数据处理过程，具有计算复杂度低、训练速度快和多尺度图像输入等优点。

4.3.2.2　降噪方法的具体实施

本方法的实施例从深度学习的角度，设计了一种用于电力设备高光谱图像的降噪方法，定义为卷积自编码网络（DeCS-Net）。该算法能够充分利用 HSI 中的空间和光谱信息进行去噪，新提出的 DeCS-Net 中，将卷积神经网络（CNN）与自动编码器（AE）相结合，具有计算复杂度低、训练速度快和多尺度图像输入等优点。在本书中，如无特殊说明，DeCS-Net 均指代卷积自编码网络，也即本书所提出的用于电力设备高光谱图像的降噪方法。如图 4-9 所示，本书的方法包括收缩路径、扩展路径和残差结构数据处理等步骤。示例性地，收缩路径数据处理过程中包含 4 个收缩层，每层包含一个最大池化层（P）和一个 CBR（卷积层+批处理规范化层+ReLU），每层均能捕获 HIS 信息的上下文信息并学习 HSI 噪声的空间谱联合特征。另外，示例性的，用于恢复 HSI 噪声的扩展路径数据处理过程中包含 4 个扩展层，每个扩展层由上采样层（U）和 CBR（卷积层+批处理规范化层+ReLU）组成。此外，残差结构数据处理过程将从输入的 HIS 信息中去除学习的 HSI 噪声，以获得去噪的 HIS 信息。本书提出的 DeCS-Net 网络的参数如表 4-2 所示。

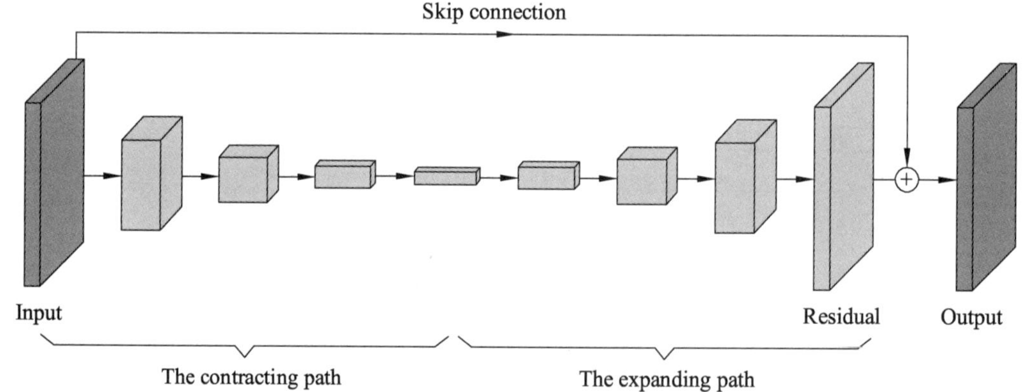

图 4-9　DeCS-Net 神经网络结构图

表 4-2　DeCS 网格参数

名称	配置
Convol Layer	Kernel size = （3, 3）；Feature map = 64
Down1：PCBR	Kernel size = （3, 3）；Feature map = 128
Down1：PCBR	Kernel size = （3, 3）；Feature map = 256
Down1：PCBR	Kernel size = （3, 3）；Feature map = 512
Down1：PCBR	Kernel size = （3, 3）；Feature map = 512

续表

名称	配置
Up1：UCBR	Kernel size =（3, 3）；Feature map = 256
Up1：UCBR	Kernel size =（3, 3）；Feature map = 128
Up1：UCBR	Kernel size =（3, 3）；Feature map = 64
Up1：UCBR	Kernel size =（3, 3）；Feature map = 32
Convol Layer	Kernel size =（3, 3）；Feature map = 11

DeCS-Net 采用了残差学习策略。一方面，HSI 噪声在不同场景下具有共性，残差学习策略可有效地利用这一特性来获取噪声，并对不同场景下的 HSI 去噪任务具有较强的健壮性。另外，利用残差结构可有效地训练深层神经网络。通过提取收缩路径数据处理后的 HSI 噪声特征并在扩展路径上采样时与新的特征映射相结合，有效地保留了收缩路径数据处理采样时的部分特征信息，获得多尺度特征，恢复 HSI 噪声，去除 HSI 噪声信息获得去噪的 HSI 信息。多通道滤波可大大提高网络的表现能力，并结合 HIS 信息的空间谱信息提取和重构 HSI 噪声信息特征。示例性地，如表 4-2 所示，将通道从 64、128 和 256 逐渐增加到 512，然后对称地从 512、256、128、64 和 32 减少到 11。

为了体现 DeCS-Net 网络在 HIS 信息去噪中的有效性和先进性，本方法使用基准 CAVE 数据集对 32 个场景进行了分为 5 个部分的实验。每个场景包含从 400 ~ 700 nm 的全光谱分辨率反射数据，步长为 10 nm（共 31 个光谱带）。网络训练了 400 个 epoch。学习率最初设置为 0.001，然后降低到 0.000 01。使用 Adam 优化网络。训练样本大小为 256 × 256。训练样本数为 4464n（n 为输入带数）。值得注意的是，n 实际上表示将用于估计当前频带中包含的噪声的相邻频带的数目。采用两个标准差 $\sigma = 20$ 和 $\sigma = 50$ 的高斯随机噪声水平，对每个噪声水平下 $n = 1$，3，5，7，9，11，13 的 7 个多波段输入方案进行了测试和比较。采用 PSNR 和 SSIM 作为评价指标。

针对输入数目对高光谱图像降噪性能的影响，实验结果如图 4-10 和表 4-3 所示，当 n 较小时，随着相邻带数的增加，网络的学习和表达能力也得到了提高，从而得到了更好的降噪效果。当 $n = 11$ 时，得到最佳结果。

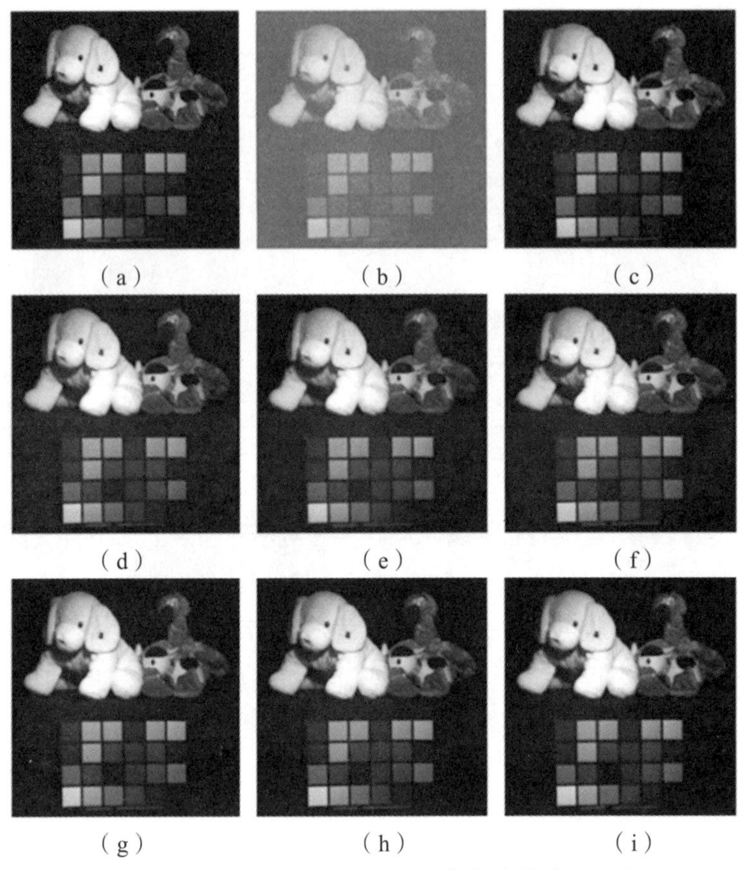

图 4-10　噪声级σ= 20 时 480 nm 处的降噪结果示意图

表 4-3　多波段 HSI 去噪评价指标（σ= 20）

波段	降质		降噪	
	PSNR/dB	SSIM	PSNR/dB	SSIM
1	22.109 6	0.343 6	41.399 1	0.984 9
3	22.110 2	0.337 2	42.432 9	0.987 8
5	22.109 9	0.337 2	42.572 5	0.986 4
7	22.109 8	0.337 2	42.766 0	0.987 5
9	22.110 1	0.337 2	42.083 0	0.986 2
11	22.110 4	0.337 2	43.759 2	0.988 9
13	22.111 3	0.336 7	40.269 1	0.979 8

本方法从不同噪声水平下降噪声结果的空间质量和频谱质量角度，将提出的 DeCS-Net 与一些最新的基于 CNN 的 HIS 降噪方法进行比较，包括 BM3D（1 波段输入）、FFDNet（11 波段输入）和 HSI DeNet（11 波段输入）。实验结果如图 4-11 和表 4-4 所示，DeCS-Net 网络通过将谱间信息和多波段特征相结合，产生了更好的降噪效果。

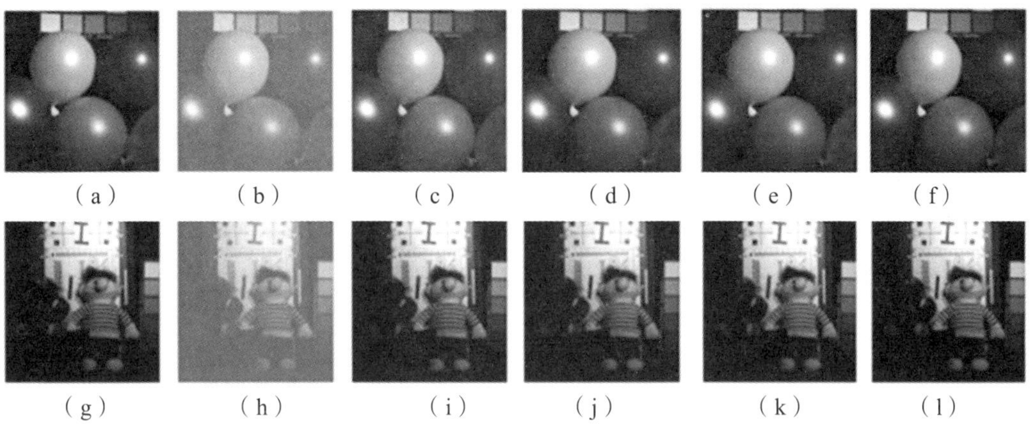

图 4-11 本方法与其他方法在 550nm 和 650nm 处的降噪结果对比图

表 4-4 不同 HIS 降噪方法的评价指标

σ	波段	指标	方法				
			Degraded	BM3D（1 Band）	FFDNet	HSI-DeNet	DeCS-Net
20	5	PSNR/dB	22.109 9	\	40.328 7	41.027 8	42.572 5
		SSIM	0.337 2	\	0.947 6	0.965 7	0.986 4
	9	PSNR/dB	22.110 1	\	41.343 6	42.565 5	42.083 0
		SSIM	0.337 2	\	0.957 9	0.986 3	0.986 2
	11	PSNR/dB	22.110 0	40.615 0	42.158 6	43.609 9	43.759 2
		SSIM	0.337 2	0.9763	0.969 8	0.985 5	0.988 9
50	5	PSNR/dB	14.150 8	\	35.977 7	37.908 8	37.912 4
		SSIM	0.075 0	\	0.945 0	0.972 0	0.972 1
	9	PSNR/dB	14.151 1	\	37.012 5	38.626 7	38.875 3
		SSIM	0.075 1	\	0.956 3	0.972 3	0.974 8
	11	PSNR/dB	14.151 0	35.6220	37.894 2	39.117 3	39.133 2
		SSIM	0.074 7	0.9523	0.962 3	0.972 6	0.976 0

第5章

变电站设备监控技术

5.1 典型瓷套设备特征参数监测需求

5.1.1 监测对象

通过对地震中变电站内关键设备的易损性进行统计分析发现，变电站及瓷套类设备（见图5-1）在不同地震强度下的破坏情况，其中电瓷型高压电气设备包括断路器、隔离开关、电流互感器（CT）、电压互感器（PT）和避雷器是最容易遭受破坏的设备。

图5-1 变电站典型瓷套设备

对断路器、隔离开关、电流互感器、电压互感器、避雷器等设备在地震状态下的受损情况进行深入分析可知：

（1）互感器受损主要表现为互感器瓷套断裂、整体倾倒。电压、电流互感器，带滚轮结构浮放在支架上，其典型震害是从支架上跌落摔坏瓷件、拉断引线；此外，由于地震使电流互感器处于开路状态产生了高电压，短路后造成设备、线路被烧毁等次生灾害。

（2）断路器、空气断路器的典型震害是支持瓷套折断，且折断处多在根部。

（3）高压隔离开关的典型震害是支柱绝缘子折断，折断处一般都在根部金属法兰与瓷件结合部位。对于水平开断式隔离开关，有的震开导电杆而断电，也有导电杆与主轴、底架之间焊接部位折断的。

（4）从避雷器受损情况可以看出，由于地震所造成的对避雷器的损伤主要表现为避雷器底部断裂，倾倒。事实上，由于地震破坏力巨大，避雷器的倾倒主要由两方面原因造成：一是避雷器本身底部在地震中从支柱上脱落；二是受端部引线拉力作用，在地震中被拉断。

综上所述，由于强烈的地面运动以及设备之间连接的相互作用，高压变电站中的断路器、隔离开关、电流互感器、电压互感器、避雷器等设备的绝缘部分均由瓷套管组成，其震害特点大多是瓷套管根部断裂。因此，对典型瓷套设备震中加速度、角速度、位移、倾斜等特征参数进行采集与姿态解算，有助于判断震后上述设备的受损状态。

5.1.2 监测标准

《电力设备预防性试验规程》（DL/T 596—2005）；

《变电设备在线监测装置通用技术规范》（Q/GDW 1535—2015）；

《输变电工程地质灾害危险性评估技术导则》（T/CSEE 0022—2016）；

《输变电工程地质灾害防治技术导则》（Q/GWD 11527—2016）；

《地震观测仪器进网技术要求地震烈度仪》（DB/T 59—2015）；

《变电站设备监控信息规范》（Q/GDW 11398—2015）；

《变电站辅助监控系统技术及接口规范》（Q/GDW 11509—2015）；

《包装储运图示标志》（B/T 191—2008）；

《运输包装收发货标志》（GB/T 6388—1986）。

5.1.3 监测指标

本书结合地震状态下的典型瓷套设备多特征参数的监测对象及标准，同时满足系统可靠性、准确度、低功耗的基本要求，实现典型瓷套设备在地震状态下的三维加速度、姿态信息等特征信息的实时在线监测，特制定典型瓷套设备多特征参数监测指标要求，以便于在研究变电站典型瓷套设备多特征参数监测系统过程中有基本的设计参考依据。

变电站典型瓷套设备多特征参数监测系统的通用技术指标如表 5-1 所示。

表 5-1　典型瓷套设备多特征参数监测系统的通用技术指标要求

序号	技术参数	指标要求
1	环境温度	−25 ~ +45 °C
2	运行温度	−25 ~ +70 °C
3	相对湿度	5% ~ 100%
4	大气压强	50 ~ 106 kPa
5	外观结构	监测终端的金属构件应采用耐腐蚀材料，非金属构件应采用耐老化材料；监测终端应满足防腐蚀、防潮湿、防盐雾要求，并尽量采取防震、防松措施；监测终端内部各零部件及相应连接线应有防松动措施
6	外观尺寸	230 mm × 160 mm × 120 mm（仅供参考）
7	重量	本体及附件整体质量：≤2.5 kg
8	安全性能要求	监测终端外接数据线应采用屏蔽线，数据线与电源线均应采用金属软管保护，且预留外接线不宜过长

变电站典型瓷套设备多特征参数监测系统的专项指标分别如表 5-2 所示。

表 5-2　典型瓷套设备多特征参数监测的专项指标要求

序号	技术参数	指标要求
1	地震震动加速度	频带范围：DC80 Hz
		动态范围：大于 90 dB
		满量程：±4 g
2	数据采集	监测装置应具备自动采集模式和受控采集模式，具备避雷器雷击电流参量的触发式监测功能
3	数据显示	监测系统具有瓷套设备三维振动加速度、震后姿态特征等信息的远程显示功能
4	系统故障报警功能	监测系统具有故障报警功能（功能异常报警、通信异常报警）
5	通信	4G
6	供电要求	采用太阳能加锂电池供电
7	电源管理	监测终端应具备对电池电压等供电电源状态进行监测功能，并向主站系统上传相关信息

5.2 基于 MEMS 的典型瓷套设备多特征参数监测系统拓扑

5.2.1 系统拓扑

基于以上对地震状态下变电站关键设备的易损性分析，以及对地震状态下典型瓷套设备多特征参数的监测需求分析，结合项目中对瓷套设备减震装置的安装位置及功能特点，设计建立基于 MEMS 的三维加速度监测系统，用以实现地震状态下典型瓷套设备的三维加速度特征参数的采集。监测系统模型如图 5-2 所示，本书将依照此模型建立监测系统平台。

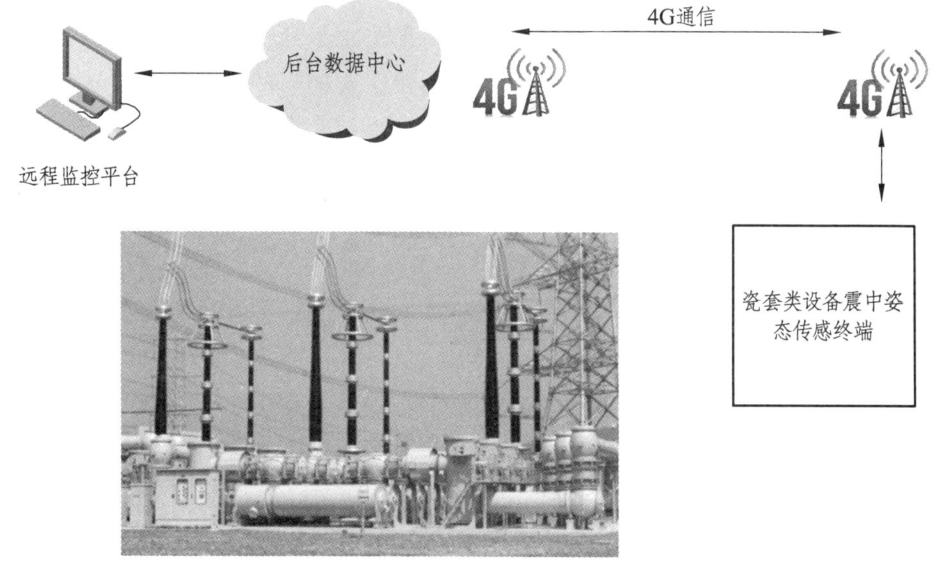

图 5-2　典型瓷套设备多特征参数监测系统模型

5.2.2 工作原理

本书将典型瓷套设备多特征参数监测系统模型分成 3 部分：瓷套类设备震中姿态传感终端、后台数据中心和远程监控平台。

瓷套类设备震中姿态传感终端：主要完成瓷套类设备震中三维加速度数据信号的采集、处理，并将处理后的数据通过 4G 发送到后台数据中心，同时能响应远程监控平台的指令。

后台数据中心：主要完成中继网关所发送的有效数据接收，并按照相关标准要求进行存储，以供远程监控平台读取。

远程监控平台：主要完成变电站地面震动数据、瓷套类设备震中姿态数据的实时显示、查询，当上述数据处于预警临界值时，以短信、邮件、界面弹窗等方式发出报警信息，预防事故的发生。

其中，瓷套类设备震中姿态传感终端固定在瓷套设备的主要连接部位（如法兰、支承板等），采集瓷套设备加速度。

加速度传感器用来实现对瓷套设备运动时的加速度以及静止时的仰角测量。在本系统中，主要利用加速度传感器来测量瓷套设备在地震状态下的三维加速度，然后通过构造直角三角形的数学计算方法可以得出瓷套设备在静止时俯仰角和偏航角。这种方法的弊端是对重力加速度的测量结果要求很高，如果测量节点的状态非静止，即存在某一方向的加速度，那么加速度传感器测得的就是重力加速度和运动加速度在重力方向分量的和，显然这样得出的结果与实际相差甚远，所以加速度传感器的缺点就是动态姿态测量性能差，其优点是在静态条件下可以快速准确地对姿态角进行测定。

5.3 监测系统实现

5.3.1 系统总体设计

典型瓷套设备震中姿态监测系统由地面震动加速度监测装置、终端/瓷套类设备震动加速度及姿态监测装置、后台数据中心和远程监控平台等部分组成。

装置拓扑结构如图 5-3 所示。地面震动加速度监测装置终端/瓷套类设备震动加速度及姿态监测装置（可以安装多个监测设备）负责采集、监测加速度数据并解算姿态数据，通过 4G 通信网络与后台数据中心实现远程通信并将数据存入平台云端数据库，远程监控平台软件读取和操作后台数据中心数据，实现变电站地面震动加速度、瓷套类设备震动加速度和姿态数据的实时显示和系统控制。

5.3.2 硬件主要模块电路设计

该项由地面加速度监测物联网传感器、瓷套类设备加速度及姿态物联网传感器、后台数据中心和远程监控平台组成。系统硬件设计框图如图 5-4 所示。

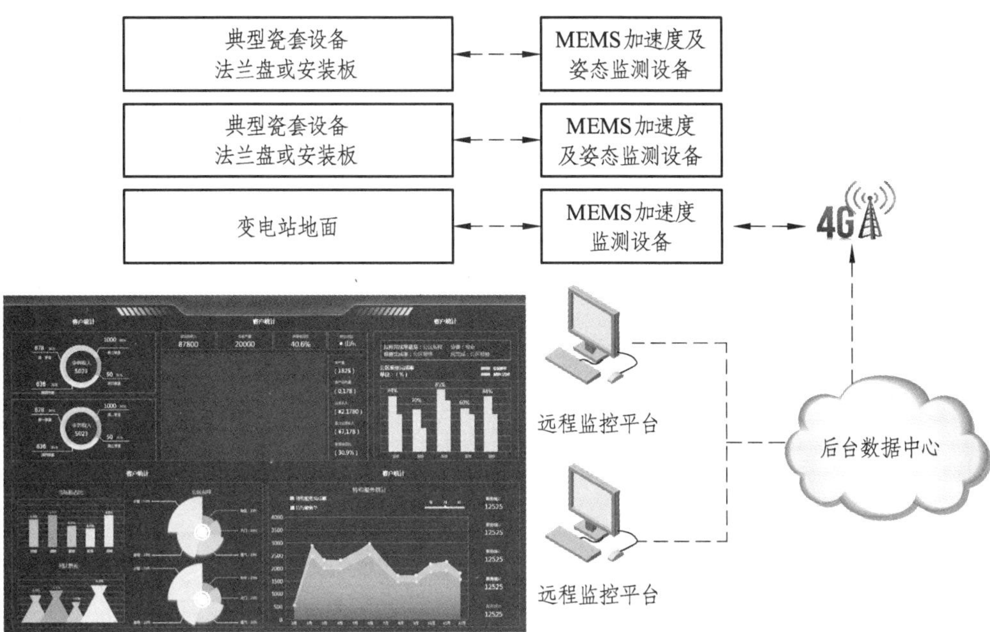

图 5-3 典型瓷套设备震中姿态监测系统拓扑结构

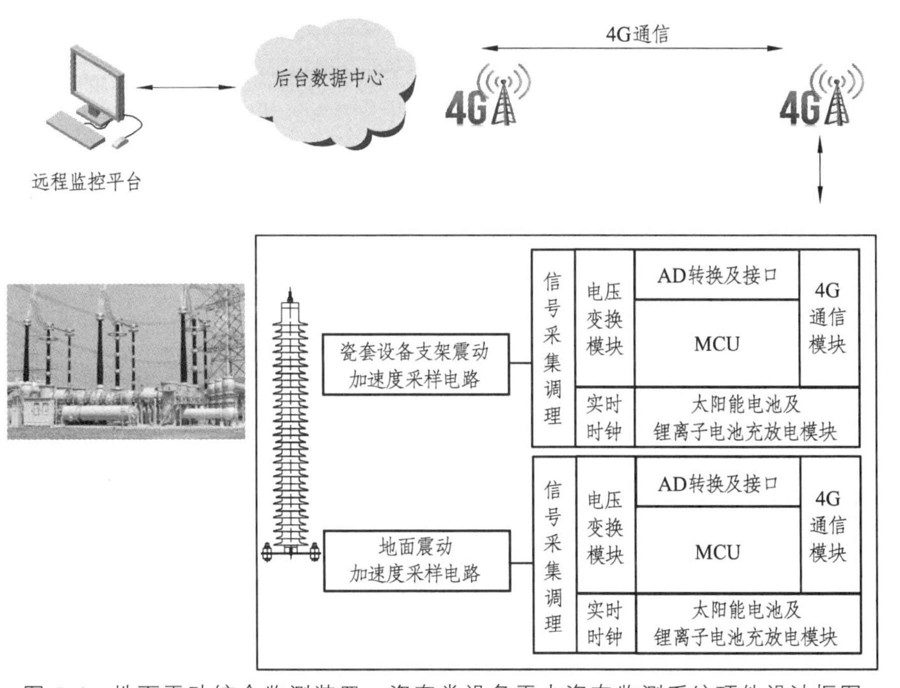

图 5-4 地面震动综合监测装置、瓷套类设备震中姿态监测系统硬件设计框图

地面加速度监测物联网传感器、瓷套类设备加速度及姿态物联网传感器，由地面震动加速度采样电路、设备支架震动加速度采样电路、信号采集调理、多个电压变换模块、实时时钟、AD 转换及接口、太阳能电池及锂离子电池充放电模块、4G 通信模块、MCU 主控电路等组成。

后台数据中心即为云服务器。

远程监控平台即为 PC 机。

5.3.3 系统软件设计

根据设计目标，本书采用 MEMS 三维加速度传感器对地面震动加速度、设备姿态数据进行采集，经内部 A/D，从 SPI 口读取高精度数字信号，经过一系列软件算法处理得出地面震动加速度及姿态数据。然后采用计算机网络技术将数据上传至后台数据中心，远程监控平台读取数据后将铁塔当前状态信息直观地反馈给用户。

地面震动加速度监测终端/瓷套类设备震中加速度及姿态监测将数据通过 4G 通信网络远程传递给后台数据中心，远程监控平台软件读取和操作后台数据中心数据实现变电站地面震动数据、瓷套类设备姿态数据的实时监测及显示。

本书采用数字 MEMS 三维加速度传感器为监测元件,实现对变电站地面震动加速度、瓷套类设备加速度及姿态的监测，系统由设备支架 MEMS 三维加速度及姿态监测设备、地面 MEMS 三维加速度监测设备、后台数据中心、用户界面组成，如图 5-5 所示。

地面 MEMS 三维加速度监测设备由以下模块组成：三维加速度采样、基本功能及抗干扰算法、各类数据端口驱动与设置、电源适配 DC/DC 及 LDO 监测设置、太阳能电池及锂离子储能电池监测与管理、驱动设置管理、时钟管理、电源电压采集与监控、规约设置、规约解析及 4G 通信、平台指令响应与执行软件。

设备支架 MEMS 三维加速度及姿态监测设备与地面 MEMS 三维加速度监测设备硬件、软件功能基本相同，只是设备支架 MEMS 三维加速度及姿态监测设备增加了静态姿态算法。

平台指令响应与执行完成时钟设置、远程读取、功能设置更新、固件升级等功能。系统还需要根据功能，设置各电池模块的供电关系，实现软件低功耗设计。

后台数据中心由通信规约设置识别、功能解算、用户管理、数据分析、数据存储、响应服务与远程设置等软件模块组成,也可以通过功能更新协助完成软件低功耗设计、固件远程更新。

用户界面由设备远程控制、历史数据查询与统计、监测数据显示、报警与提示等软件模块组成。

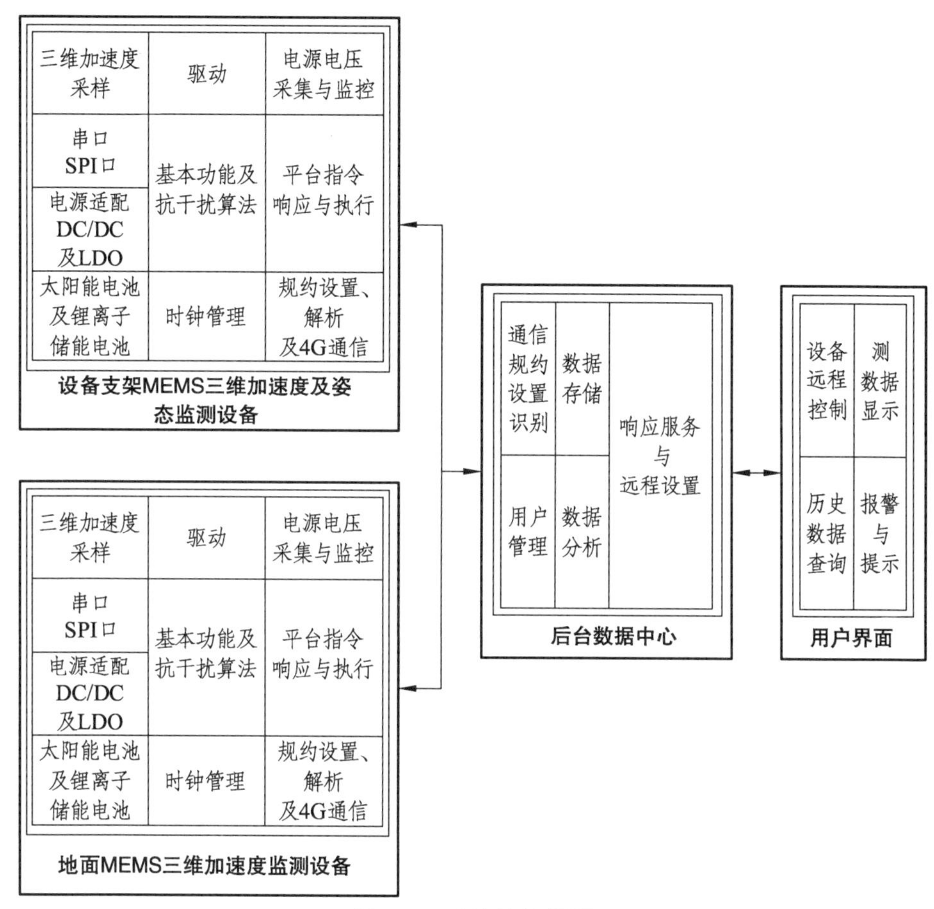

图 5-5　系统软件框图

系统驱动由数字加速度传感器驱动、数字姿态传感器驱动、电压监测驱动、端口驱动、存储驱动、时钟驱动、固件远程更新驱动、4G 通信驱动等驱动模块组成，如图 5-6 所示。

<table>
<tr><td rowspan="2">数字加速度传感器驱动</td><td>端口驱动</td><td rowspan="3">4G通信驱动</td></tr>
<tr><td rowspan="2">存储驱动</td></tr>
<tr><td rowspan="2">数字姿态传感器驱动</td></tr>
<tr><td colspan="2" rowspan="2">时钟驱动</td></tr>
<tr><td rowspan="2">电压监测驱动</td></tr>
<tr><td colspan="2">固件远程更新驱动</td></tr>
</table>

图 5-6　监测终端软件驱动组成图

数字加速度传感器驱动：驱动芯片准确采集变电站三维加速度数据，可设置不同阈值，确定数据传输时机。

数字姿态传感器驱动：通过加速度芯片，解算静态姿态数据。

电源电压值测量软件驱动：驱动单片机内部 ADC 采集监测终端各类供电电压值。

4G 通信软件驱动：4G 模块与系统的集成，完成数据上传和指令下传等通信功能。

串口通信软件驱动：监测终端配置。

内存 EEPROM 读写软件驱动：保存并提供监测终端的配置信息。

实时时钟软件驱动：提供时间信息和单片机停机模式唤醒信号。

程序远程更新软件驱动：完成终端远程程序更新操作。

地面震动综合监测终端/瓷套类设备震中姿态传感终端软件控制流程图如图 5-7 所示。

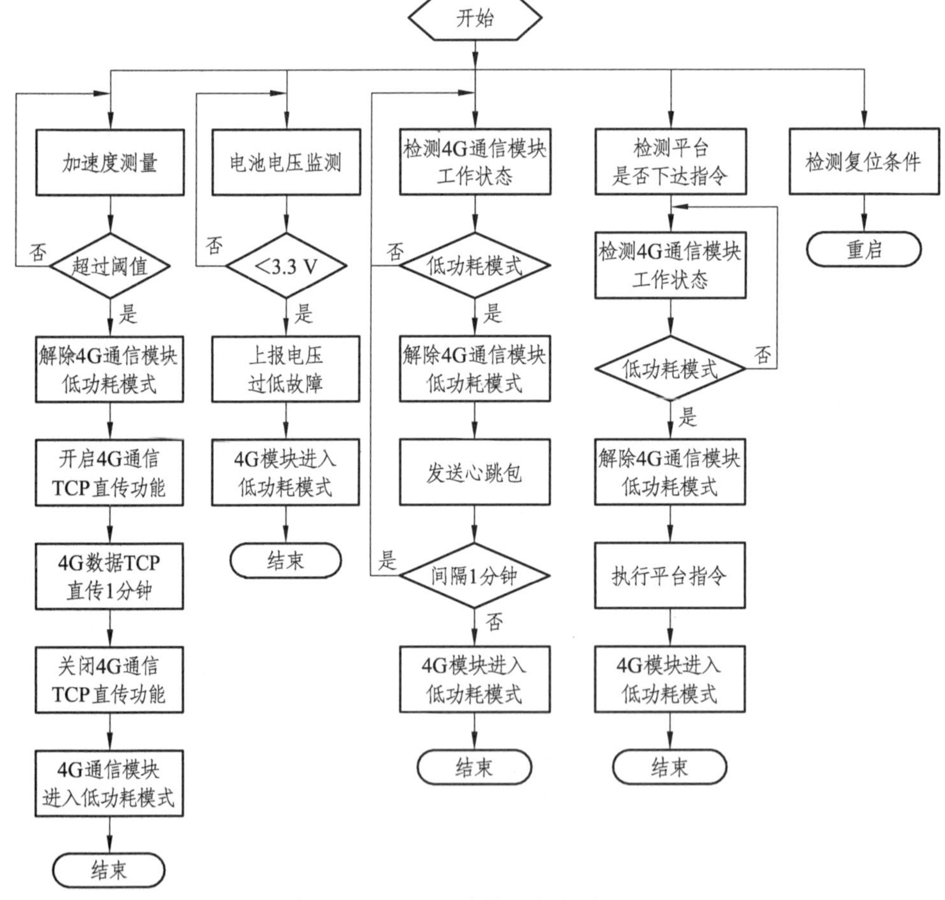

图 5-7　监测终端软件控制流程图

5.4 北斗卫星通信的地质监测系统

近年来，全球地震灾害频发，大震过后，地面所有通信手段会拥堵或者中断，这将对地震监测造成较大影响。同时，我们在选台过程中，受地面通信等条件限制，通信盲区无法开展地震监测。如果选一种不受通信条件和陆地灾害影响的通信方式作为备份，就可以解决这个问题。目前，只有卫星通信可以满足全天候、全覆盖的地震监测系统的通信需求。目前全球运行的卫星导航系统有 GPS、GLONASS、GALILEO、北斗 4 种。而北斗卫星导航系统是我国自主知识产权独立运行的系统，能实现中国境内全疆域无缝覆盖，运行费用较低，数据传输安全性高，不受地面灾害和环境条件的限制，受其他因素干扰少。因此，将北斗卫星通信应用到地震监测系统中，具有现实意义。

5.4.1 北斗卫星导航通信系统的基本原理及特点

5.4.1.1 北斗卫星导航通信系统介绍

北斗卫星导航通信系统由空间段、地面段、用户段组成。该系统是我国自主建设的区域性卫星导航通信系统，不受国外卫星导航系统的影响。北斗卫星导航通信系统的覆盖范围是中国及周边沿海、近海地区，适合在我国偏远山区、交通不便、基础通信设施建设落后等区域内使用。

北斗卫星导航通信系统的空间段包括 5 颗静止轨道（GEO）卫星和 30 颗非静止轨道卫星，其中 30 颗非静止轨道卫星包括 27 颗中圆轨道（MEO）卫星和 3 颗倾斜同步轨道（IGSO）卫星。地面段由主控站、注入站、监测站组成。用户段捕获并跟踪卫星的信号，根据数据按一定的方式进行定位计算，最终得到用户的经纬度、高度、速度、时间等信息。该通信方式具有数据传输可靠性高、速度快、数据量大、费用低、易维护等特点，采用该通信方式组网的地震台站地震监测系统具有实践价值，能够解决地震台站在建台选址和地震灾害后的通信传输问题。

5.4.1.2 北斗卫星通信的比较优势

如表 5-3 所示，北斗与 GALILEO、GPS 和 GLONASS 等其他卫星通信手段相比，有相同的工作频率，有较强的兼容性，还能与 GPS 等其他接收设备兼容。所以，北斗的竞争力逐渐增强。随着北斗系统的不断完善，完全能够赢得中国及周边地区高精度、安全性强的卫星通信服务市场，在国际卫星通信领域占有一席之地。综上所述，北斗卫星导航通信与其他卫星导航系统相比，具有数据传输容量大、实时性高、运行费用低廉、数据保密性强等优势，适合应用于地震监测领域。

表 5-3　北斗、GPS、GALILEO、GLONESS 系统兼容性比较

项目	北斗	GPS	GLONASS	Galileo
研制国家	中国	美国	俄罗斯	欧盟成员国
首颗正式卫星发射升空时间	2000 年	1978 年	1985 年	2011 年
应用时间	2000 年北斗一号；2012 年北斗二号；2020 年北斗三号	1994 年	2007 年（服务俄罗斯）、2009 年（服务全球）	2016 年（早期工作能力）
卫星总数	35	33	26	30
目前在轨数量	34	31	24	24
平均寿命	10～12	15	7～12	12
导航频段	B1、B2、B3	6 频	L1、L2/3	E5aE5b、E6、E2-L1-E1
导航增强	B3 增强 15Db	26 dB	无	无
定位精度	水平 4 m、高程 6 m	水平 21 m、高程 3.2 m	水平 10 m、垂直 10m	水平 4 m、高程 8 m
测速精度	优于 0.2 m/s	0.2 m/s	0.01 m/s	
投时精度	20 ns	10 ns	20-30 ns	10 ns
星间链路频段	Ka	Ka/V/UHF	无	无
自主运行能力	60 自主运行，精度不下降	60 自主运行精度不下降	无	无
竞争优势	开放且具备短信通信功能	成热	抗干扰能力强	精确度高
主要问题	未完成组网	抗干扰能力较弱	不重视开发民用市场	尚未完全建成

5.4.2　关键技术

基于北斗卫星通信的地震监测系统由北斗通信网管中心、地震台站和地震台网监测中心组成。其通信网络结构如图 5-8 所示。地震台站数据采集终端（RTU）将数据传送给北斗卫星终端，北斗卫星终端通过卫星将数据同时传送给地面站（北斗通信网管中心）和地震台网中心，也可间接由地面站将数据传送给地震台网中心，计算机终

端用户通过访问地震台网中心获取地震监测数据。

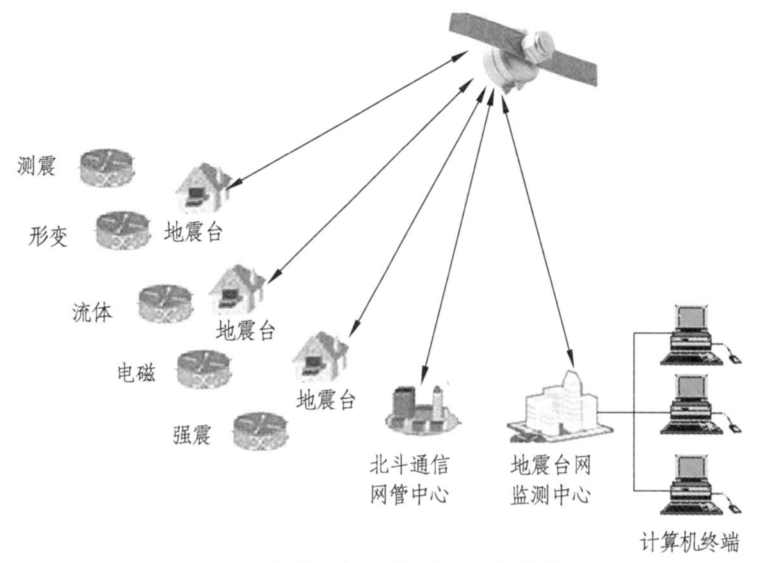

图 5-8　北斗卫星通信系统网络结构图

要将地震台站的数据安全地传送到台网中心，需要解决如下关键技术：数据采集终端（RTU）通过北斗卫星终端将数据发送到网管中心和台网中心；台网中心通过北斗卫星终端接收数据；台网中心通过北斗卫星通信获取网管中心数据等。根据台网中心北斗卫星终端的入站信息，地面站一方面将地震台站测震和前兆信息发往台网中心，另一方面将接收到的终端用户通信数据进行复制备份存储，所有地震台站发送的信息数据，在通过北斗卫星发往台网中心的同时，也将被复制存储到北斗通信网管中心。北斗卫星终端与台网中心数据接收由计算机网络相连，各地震台站的测震和前兆数据通过北斗卫星直接发送到台网中心，台网中心也可通过北斗卫星监控地震台站各测项的运行情况。台网中心数据接收处理软件的设计与开发是基于北斗卫星系统的通信协议，能够提供精确授时、实时传输等功能，实现测震和前兆数据信息的稳定安全传输。与此同时，系统能够保证在较短的时间内，将地震台站发回的监测数据全部收录，保证整个系统的数据稳定性和时效性。另外，一旦台网中心数据接收通信设备出现故障，可以通过访问北斗通信网管中心的备份存储功能获取监测数据。

5.4.3　系统应用设计

基于北斗卫星通信的地震监测系统是一套无人值守的北斗基准站远程实时监控系

统，该系统不仅能够进行单个台站的实时监测和监控，而且还能够实现台网中心服务器上对多个台站的集中实时监测和监控。同时，通过 Web 服务器，用户可方便地通过网络监测到地震台站中各种设备的运行状况，可以第一时间发现问题和故障并及时解决，能够保证地震观测数据在采集过程中的实时性和连续性。

该系统也可根据地震台站的实际条件，采用中国移动宽带光纤通信或北斗卫星数通信两种方式运行。当移动宽带光纤专线正常运行时，不使用北斗卫星通信，当宽带光纤发生故障或地震、气象、地质等其他灾害发生时，系统自动切换为北斗卫星通信。目前国内的地震台网多使用的是超 5 类双绞线连接到监测设备。这是一种快速以太网技术，可以进行快速的预测预报分析处理、数据采集、数据传输，可以通过 10/100 M 光纤将各测项、各地震台站以及台网中心之间的组网连接，实现地震观测与数据处理的网络化，实现各地震监测中心的数据共享与交换。为了保证数据传输的连续性、兼容性及台网系统运行稳定性，吉林市某遥测台站地震监测系统拟采用这种中国移动 SDH 光纤+北斗卫星通信做主备份链路的方式，通过两种网络通信方式建设地震监测系统，其双通信方式网络拓扑设计如图 5-9 所示，该台站主要设备有北斗终端设备、H3C 路由器、CDMA 路由器、光纤收发器、交换机、地震监测设备等。移动宽带光纤主线路与备用线路之间的自动切换由 H3CER8300 路由器完成，由于光纤传输较稳定，因此监测系统默认传输方式是光纤传输。当光纤传输链路出现故障时，系统将自动切换到北斗卫星无线传输，待光纤传输恢复正常后，监测系统将自动切换到光纤传输。

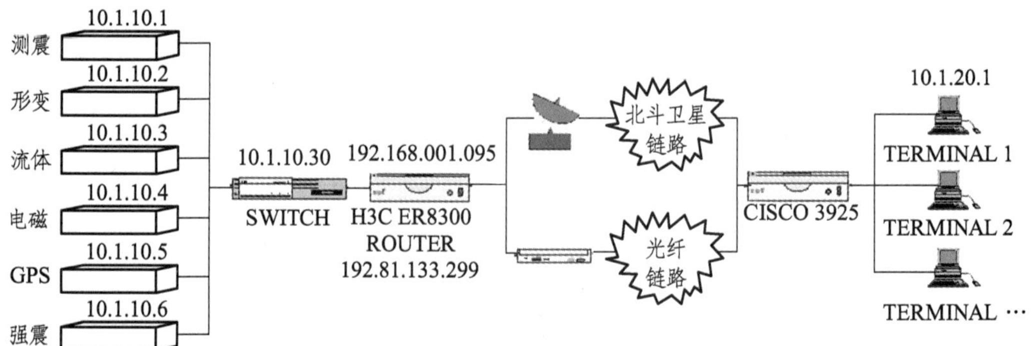

图 5-9　地震监测系统双通信方式网络拓扑设计

第6章

变电站设备地震灾害快速响应技术

2012年昭通5.9级地震、2014年德宏6.1级地震等均造成电气主设备不同程度的损伤。特别是2018年接连发生的通海5.0级、墨江5.9级大地震，暴露出地震发生前后，地震灾害分布规律掌握尚不充分、关联电网信息黑箱期的信息不能及时推送、信息渠道受限，目前只能通过短信进行推送，相关地震报告还需要人工进入内网进行导出，导致地震报告推送不及时。开展地震灾害快速响应技术研究，将有效提升地震预警及分析报告的快速响应能力，保障灾害时的电力供给。

为进一步提高地震灾害快速响应能力，提升震中设备状态感知、震后设备异常状态快速检测、灾损评估结果快速分发水平，开展地震灾害快速响应技术研究及相关软硬件研制是至关重要的。

6.1 基于高光谱图像的设备状态检测技术

6.1.1 概　述

高光谱图像具有大量的光谱波段，有助于地物的精细分类与识别；然而，波段的增加却导致数据出现大量冗余，使数据处理复杂性急剧提高。因此，高光谱图像特征提取常被用作图像分类、混合像素分解、异常目标检测等高光谱应用的预处理过程。特征提取指通过不同的方法选取包含信息量大的波段或特征，以降低数据冗余度，因此，特征提取算法要求既能降低原始数据特征波段的数量，又能保留数据的主要信息。然而，当光谱波段数增加时，特征波段的组合方式以指数增加，庞大的特征波段组合数目极大地影响了后续处理算法的运算效率。

6.1.2 光谱特征提取算法

6.1.2.1 竞争性自适应重加权算法

作为一种新的变量选择算法，竞争性自适应重加权算法（Competitive Adaptive Reweighted Sampling，CARS）是由 Li 等在 2009 年提出。该方法与偏最小二乘回归算法相结合，通过模仿达尔文进化论中“适者生存”的原则，每次采样过程中利用指数衰减函数(Exponentially Decreasing Function，EDF)和自适应重加权采样技术(Adaptive Reweighted Sampling，ARS ）去除偏最小二乘回归模型中回归系数绝对值权重较小的变量，优选出回归系数绝对值权重较大的变量，N 次采样后得到 N 个变量子集，依据交互验证选出交互验证均方根误差（RMSECV）最小的变量子集，该子集所包含的变量即为最优特征波长变量组合，变量选择主要包括 4 个步骤：

步骤 1：蒙特卡罗采样（Monte Carlo Sampling，MCS）：每次采样都需从建模样本集中随机抽取一定比例的样本（通常为 80% ~ 90%）建立偏最小二乘回归模型。

步骤 2：基于指数衰减函数去除变量：假定样本光谱矩阵为 $\boldsymbol{X}(nP)$，n 为样本数，P 为变量数，样本浓度矩阵为 $\boldsymbol{Y}(n\times 1)$，则偏最小二乘回归模型为：

$$\boldsymbol{Y}=\boldsymbol{X}b+e \tag{6-1}$$

回归系数 $\boldsymbol{b}$ 是一个 P 维的系数向量，e 为残差，$\boldsymbol{b}$ 中第 i 个元素的回归系数绝对值 $|b_i|(1\leqslant i\leqslant p)$ 表示第 i 个变量对回归模型的贡献，该值越大表示所对应变量在成分浓度的预测中越重要，基于指数衰减函数强行去除值相对较小的波长，在第 i 次采样运算后，波长变量点的保存率通过如下指数函数计算：

$$r_i=a\mathrm{e}^{-ki} \tag{6-2}$$

a 和 k 均为常数，在第一次采样时，所有的 p 个变量都参与建模，即 $r=1$；在第 N 次采样时，仅 2 个变量参与建模，即 $r=2/N$，从而计算出 a 和 k：

$$a=\left(\frac{P}{2}\right)^{1/(N-1)} \tag{6-3}$$

$$k=\frac{\ln(p/2)}{N-1} \tag{6-4}$$

式中，ln 表示自然对数，使用指数衰减函数，大量不重要的波长变量逐步且有效地被去除。

步骤 3：基于自适应重加权采样技术进一步对变量进行竞争性筛选，模拟达尔文进化论中“适者生存”的法则，通过评价每个波长变量的权重 w 进行变量筛选，权重值的计算：

$$w_i = \frac{|b_i|}{\sum_{i=1}^{p}|b_i|}, i = 1,2,3,\cdots,p \tag{6-5}$$

回归系数绝对值权重越大的波长越容易被选中，越小的波长越容易被剔除 N 次采样后得到 N 个变量子集。

步骤 4：通过计算并比较每次采样产生的变量子集的交互验证均方根误差，误差值最小的变量子集作为最优变量子集。

6.1.2.2　Random Frog 算法

Random Frog 是一种新的变量提取方法，由 Li 等首次提出并用于基因变量的选择。它是一种类似于可逆跳转马尔可夫链蒙特卡罗（Reversible Jump Markov Chain Monte Carlo，RJMCMC）的算法，通过在模型空间中模拟一条服从稳态分布的马尔可夫链，来计算每个变量的被选概率，从而进行变量的选择。Random Frog 与偏最小二乘回归算法相结合，建模方法采用偏最小二乘回归，模型中每个变量回归系数的绝对值大小作为每次迭代过程中该变量是否被剔除的依据。本研究中的自变量为光谱数据，假定样本光谱矩阵为 $\boldsymbol{X}(n\times p)$，$n$ 为样本数，p 为变量数，样本浓度矩阵为 $\boldsymbol{F}(n\times 1)$，Random Frog 的具体步骤为：

初始化如下参数：N：迭代次数；Q：初始变量集 V 的变量个数，为 $1\sim p$ 的任意整数；θ：正态分布的方差的控制因子；ω：大于 1 的整数；η：是否接受建模结果差于新变量集 V^* 的概率上界，介于 $0\sim 1$ 之间。

随机选择包含 Q 个变量的初始变量集 V，定义包含所有 p 个变量的集合为 V，因此在服从正态分布 $N(Q,\theta Q)$ 中产生随机数 Q^* 作为下一次迭代中新变量集 V 的变量个数。

基于 Q^* 个变量产生新变量集 p 有 3 种可能的情况：①如果 $Q^*=Q$，则 $V^*=V$，即变量集不变；② 如果 $Q^*<Q$，先用变量集建立偏最小二乘回归模型，记录每个变量的回归系数绝对值，将绝对值最小的 $Q-Q^*$ 个变量从 V 中剔除，剩余的 Q^* 个变量构成新变量集；③ 如果 $Q^*>Q$，从 V 中随机取 Q 个变量构成变量集 S，用和 S 的组合变量集建立偏最小二乘回归模型，根据每个变量的回归系数绝对值保留绝对值最大的 Q^*

个变量构成新变量集 V*。

新变量集 P 确定后，要决定是否接受。分别用 V 和 p 建立偏最小二乘回归模型，交互验证均方根误差分别为 RMSECV 和 RMSECV*。如果 RMSECV*<RMSECV，则接受 P 为 V；否则，以概率 nRMSECV/RMSECV*（RMSECVRMSECV*<1，nRMSECVRMSECV*<n）接受 P*为 V，最后，用 V 代替 V*，进行下一次迭代，直至完成 N 次迭代。

N 次迭代后，得到 N 个变量集，变量 i 的被选次数总和记为 N，据以下公式计算每个光谱变量 i 的被选概率：

$$Selectionprobability\$_i = N_i / N, i = 1,2,3,\cdots,p \tag{6-6}$$

变量对建模越重要，其被选概率越大。因此将所有变量的被选概率排序，选出概率最大的变量作为特征波长。

6.1.2.3 最小噪声分离变换

作为高光谱图像的预处理方法，最小噪声分离变换（Minimum Noise Fraction Rotation，MNFR）主要用于判定图像数据内在的维数，分离信号和噪声，进一步去除噪声提高信噪比。该算法的实质是两次层叠的主成分变换，第一次是正向变换，基于噪声的协方差矩阵，对高光谱图像进行去相关和重定标处理，分离并重新调节数据中的噪声，使得噪声成分具有单一方差，且没有波段与波段之间的相关性。经过正向变换的运行，数据空间被分为两个部分：一部分与较大的特征值以及相对应的特征图像相关联；另一部分与较小的特征值以及噪声占主导的图像相关联。依据特征值的大小和对应的图像，可以判定包含相关图像的波段（一般是前几个或十几个图像）。第二次是反向变换，对经上述处理后的相关图像波谱子集做标准主成分变换，变换为它们的原始数据空间。由于以噪声为主导的图像在运行反向变换之前被排除，原始数据空间中的噪声将会大大减少。

当某噪声方差大于信号方差或噪声在图像各波段分布不均匀时，基于方差最大化的 PCA 变换并不能保证图像质量随着主成分的增大而降低。这里引入最小噪声分数（Minimum Noise Fraction，MNF）变换，该变换根据图像质量排列成分。

设 $\boldsymbol{X} = [x_1, x_2, \cdots, x_p]^{\mathrm{T}}$ 为 $p \times N$ 维矩阵，行向量组的均值向量 $E(X) = 0$，协方差矩阵：

$$D(X) = \Sigma_X + \Sigma_{S+N} \tag{6-7}$$

其中，S 和 N 分别为信号与噪声，且 S 和 N 不相关，由此：

$$D(X) = \Sigma = \Sigma_S + \Sigma_N \tag{6-8}$$

其中，Σ_S 和 Σ_N 分别为 S 和 N 的协方差矩阵，假设噪声为加性噪声，以噪声方差与该波段总方差的比来表征噪声比例，则有：

$$Var(N)/Var(X) \tag{6-9}$$

MNF 是一种线性变换，则有：

$$Z_i = a_i^{\mathrm{T}} X, \quad \vec{i} = 1,2,\cdots,p \tag{6-10}$$

Z_i 噪声比例在所有正交于 $Z_i(j=1,2,\cdots,i-1)$ 成分中最大，这里将 a_i 标准化为：

$$a_i^{\mathrm{T}} \Sigma a_i = 1 \tag{6-11}$$

由此 MNF 变换表示为：

$$Z = A^{\mathrm{T}} X \tag{6-12}$$

其中，线性变换系数矩阵 $\boldsymbol{A} = [a_1, a_2, \cdots, a_p]$ 为矩阵 $\Sigma^{-1}\Sigma_N$ 的特征向量矩阵，则有：

$$\boldsymbol{\Sigma}^{-1}\boldsymbol{\Sigma}_N \boldsymbol{A} = \boldsymbol{\Lambda}\boldsymbol{A} \tag{6-13}$$

其中，对角线矩阵 $\boldsymbol{\Lambda}$ 为特征值矩阵，第 i 个元素为特征值 λ_1，对应成分的噪声比例为：

$$\frac{\sigma(\boldsymbol{a}_i^{\mathrm{T}}\mathbf{N})}{\sigma(\boldsymbol{a}_i^{\mathrm{T}}\mathbf{Z})} = \frac{\boldsymbol{a}_i^{\mathrm{T}}\Sigma_N \boldsymbol{a}_i}{\boldsymbol{a}_i^{\mathrm{T}}\Sigma \boldsymbol{a}_i} \tag{6-14}$$

求解向量 $\boldsymbol{a}_i$ 的问题转换为广义特征值和特征向量的问题，即：

$$\det(\Sigma_N - \lambda\Sigma) = 0 \tag{6-15}$$

变量 Z_i 的信噪比为：

$$R_{SNR} = \frac{1}{\lambda_i} - 1 \tag{6-16}$$

MNF 变换是基于图像质量的线性变换，变换结果的成分按照信噪比的大小排序，因此不同的噪声对 MNF 变换的影响不同。这里主要考虑两种噪声存在的情况：一是噪声均匀分布在图像的各个波段；二是仅图像的一个波段存在噪声。当噪声均匀分布在图像的各个波段且彼此不相关时，噪声均匀分布在数据高维空间的各个方向上。由噪声比例可知，某个方向的噪声比例最大，则该方向上数据的总方差（即信息量）最小，MNF 变换结果与 PCA 变换结果相同。当噪声仅存在于图像的一个波段时，PCA 变换不能保证随着主成分增加而降低图像质量。此时，通过 MNF 变换可以将噪声从该波段中分离出来，也可以通过其他波段对该波段信号进行最佳估计，以分离噪声。

6.1.2.4 主成分分析

主成分分析（Principal Component Analysis，PCA）是一种非常实用的降低数据维数、增强有用信息以及隔离噪声信号的算法。它采用线性变换将数据转换到一个新的坐标系，得到的新变量是原始变量的线性组合，且彼此之间互不相关，使数据的差异达到最大，前几个新变量要尽可能多地表达原始变量的数据特征。对高光谱图像进行主成分分析后，得到的主成分波段图像是原始波段图像的线性组合，且每个主成分图像之间互不相关。第一主成分图像包含最大的数据方差百分比，第二主成分图像其次，主成分图像的波段越靠后，其包含的方差百分比越小，噪声信号越大，图像质量越差；最后几个波段的主成分图像包含的方差百分比很小，显示为噪声。

如图 6-1 所示，主成分分析算法描述如下：

（1）对于给定的原始训练样本集 $T=\{(x_1,y_1),(x_2,y_2),\cdots,(x_n,y_n)\}\in(\mathbb{R}^N,Y),x_i\in\mathbb{R}^N$，$y_i\in Y=\{-1,1\}$，$i=1,2,\cdots,n$ 和欲推断其类别归属的样本输入 x，设降维后的维数 $d<n$。

（2）构造集合 $\{x_1,x_2,\cdots,x_n\}$，其中 $x_0=x$，计算该集合的协方差矩阵：

$$\Sigma=\frac{1}{N+1}\sum_{i=0}^{n}(x_i+\overline{x})^{\mathrm{T}}(x_i+\overline{x}) \tag{6-17}$$

其中，$\overline{x}=\dfrac{1}{n+1}\sum_{i=0}^{n}x_i$。

（3）求协方差矩阵 Σ 的 d 个最大特征值相对应的 d 个互相正交的单位特征向量 $v_1,v_2,\cdots,v_n$。

（4）用特征向量 $v_1,v_2,\cdots,v_n$ 组成投影矩阵 $\boldsymbol{V}=[v_1,v_2,\cdots,v_n]$。

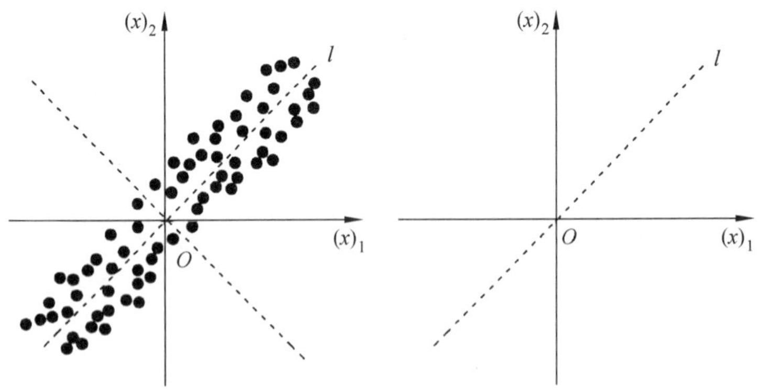

图 6-1 主成分分析二维空间示意图

（5）计算：

$$\tilde{x}_i = \boldsymbol{V}^{\mathrm{T}}(x_i - \bar{x}), \quad i = 0,1,\cdots,n \tag{6-18}$$

所得到的 $\tilde{x} = \tilde{x}_0$ 和 $\tilde{x}_1, \tilde{x}_2, \cdots, \tilde{x}_n$ 分别为输入 x 和 $x_1, x_2, \cdots, x_n$ 降维后的向量。

6.1.2.5　基于流形学习的非监督特征提取算法

基于流形学习的算法首先建立样本点间的邻域图，即需要对每个样本点 $x \in X$，$i = 1$，2，…，n，搜索其邻域，根据选取的邻域构建近邻矩阵。常用的邻域选取准则为 K 近邻，即选取离样本点距离最近的 K 个相邻样本作为邻域，构建邻域图。以样本点 x 为中心，根据选取的半径，确定数据集 X 构成的高维空间落入指定半径数据点组成的邻域图。如果近邻半径选取过大，将会导致算法不能有效地保持数据样本间的局部几何结构。相反，如果近邻半径选取过小，又不能有效地保持数据集的全局结构特性，而且还极易受到噪声的影响。

1. 等距特征映射

等距特征映射算法以多维尺度变换为基础，目标是保持高维空间中样本点的几何关系，即原始数据集中样本点间如果是相互远离，则在低维嵌入空间中仍然还需相互远离；在原始数据集中样本点间如果相距较近，则在低维嵌入空间中仍然需要相距较近。该算法的基本思想是利用测地线距离替代传统的欧氏距离。如图 6-2 所示为流形结构上欧氏距离和测地距离的比较，图中实线表示测地线距离，即沿着流形结构连接两点间距离，而虚线部分则是传统的欧氏距离。如果利用欧氏距离计算样本点的近邻域，并不能很好地体现出高维数据空间的非线性因素，也不能描述嵌入在高维空间的低维流形真实状态。

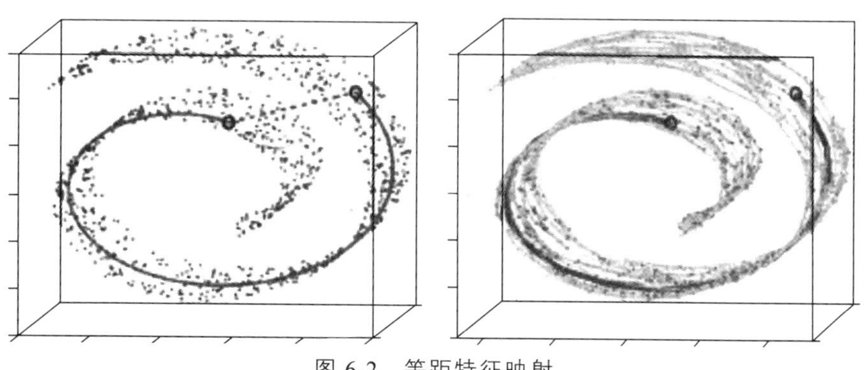

图 6-2　等距特征映射

等距特征映射算法的关键在于如何计算样本点间的测地距离，并真实反映数据集的非线性几何结构。$d_g(v_t,v_j)$表示低维嵌入流形上样本点 v_t 和 v_j 的测地距离，如果样本点 v 位于样本点的邻域内，则测地线距离可以用两样本点间的欧氏距离代替，即

$$d_g(v_t,v_j)=d_e(v_i,v_j) \tag{6-19}$$

其中，$d_e(v_i,v_j)$ 为样本点 v_i 和样本点 v_j 之间的欧氏距离。如果样本点 v_j 并不在样本点 v_i 的邻或内，用两个样本的最短路径代替。算法描述如下：

（1）原始数据空间中，以一种距离度量机制作为判断准则，确定两个样本点是否为近邻点，并根据上述准则机制将每个样本点的近邻点连在一起，构成数据集的近邻图 G。

（2）通过 Dijkstra 方法计算任意两个数据点间的最短路径。

（3）计算原始高维空间的低维嵌入映射。

2. 局部线性嵌入

受成像光谱仪和数据采集影响，高光谱数据包含大量的非线性因素，如水汽、大气折射，因此几乎不存在全局线性结构。考虑到可以将全局结构分解为局部邻域，并且局部邻域可以看成是服从高斯分布的欧式空间，局部线性嵌入算法假定样本点与其近邻数据点位于流形之上。如图 6-3 所示为局部线性嵌入算法示意图。

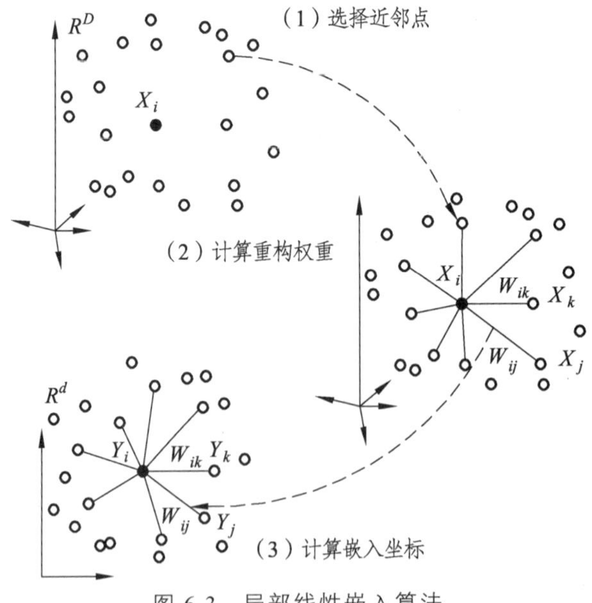

图 6-3　局部线性嵌入算法

求解每个样本点 $\boldsymbol{x}_i \in \mathbb{R}^N$， $i=1,2,\cdots,n$ 的近邻数据点的集合 $O(\boldsymbol{x}_i)=\{\boldsymbol{x}_j, j=J_i\}$ ，构成邻图 G，其中 J_j 为每一个样本点的索引值。

求解重构权值矩阵 $\boldsymbol{G}$，对于每一个样本点 $x_i \in \mathbb{R}^N$ ，根据距离度量机制判断近邻点构成集合 $O(\boldsymbol{x}_i)=\{\boldsymbol{x}_j, j=J_i\}$ 的重构权重系数 w_{ij} ，即

$$\xi=\sum_{i=1}^{n}\left\|x_i-\sum_{j\in J_j} w_{ji}x_j\right\| \tag{6-20}$$

其约束条件为 $j \notin J_j$ 时， $w_{ij}\neq 0$ ，并且 $\sum_{j\notin J_j} w_{ij}=1$ 。

计算低维嵌入空间符合重构权重矩阵 W 的低维数据点 $Y=\{y_1,y_2,\cdots,y_n\}$ ，即

$$\arg\min_{Y}\sum_{i=1}^{n}\left\|y_i-\sum w_{ij}y_j\right\|^2 \tag{6-21}$$

其约束条件为 $\boldsymbol{Y}^{\mathrm{T}}\boldsymbol{Y}=I$ 。上述目标函数可表示为：

$$\begin{aligned}\arg\min_Y \sum\|\boldsymbol{Y}-\boldsymbol{W}\boldsymbol{Y}\|^2 &= \arg\min_Y tr\{(\boldsymbol{Y}-\boldsymbol{W}\boldsymbol{Y})^{\mathrm{T}}(\boldsymbol{Y}-\boldsymbol{W}\boldsymbol{Y})\} \\ &= \arg\min_Y tr\{\boldsymbol{Y}^{\mathrm{T}}(\boldsymbol{I}-\boldsymbol{W})^{\mathrm{T}}(\boldsymbol{I}-\boldsymbol{W})\boldsymbol{Y}\}\end{aligned} \tag{6-22}$$

其中， $tr(*)$ 为求迹运算。上式可以转化为求解矩阵的二次型问题，使得解满足：

$$(\boldsymbol{I}-\boldsymbol{W})^{\mathrm{T}}(\boldsymbol{I}-\boldsymbol{W})\boldsymbol{Y}=\lambda\boldsymbol{Y} \tag{6-23}$$

3. 拉普拉斯特征映射算法

拉普拉斯特征映射算法需要构建谱图进行特征提取，即在高维数据空间中保持谱图的局部结构，在低维嵌入空间重新构造相似的谱图，使获得的低维嵌入流形能够保持数据的局部几何结构。拉普拉斯特征映射算法描述如下：

（1）在原始高维数据空间对每个样本点 $x\in\mathbb{R}^n$ 求解近邻样本点，得到局部邻域谱图 G。

（2）根据如下两种方法选取权重值：

直换法：在邻域谱图 G 中，如果样本点之间互为近邻，则 $W_{ij}=1$，否则 $W_{ij}=0$；

参数法：在邻城谱图 G 中，如果样本点之间互为近邻，则 $W_{ij}=\mathrm{e}^{\|x_i-x_j\|^2}$，否则 $W_{ij}=0$ 。

（3）计算映射关系，求解广义特征值，即：

$$\boldsymbol{L}v=\lambda\boldsymbol{D}\boldsymbol{v} \tag{6-24}$$

其中，D为对角阵；$L=D-w$为拉普拉斯矩阵，最后通过求解d个最小特征值对应的特征向量组成重构权重矩阵。

4. 近邻保持嵌入算法

局部线性嵌入算法在求解保持局部几何结构的同时得到重构权重矩阵，然而并不能计算出高维数据到低维嵌入空间的映射关系，因此当对新数据进行处理时，需要重新求解重构权重矩阵。为了解决上述问题，提出近邻保持嵌入算法，类似于局部线性嵌入算法，构建每个样本点的重构权值矩阵，即在局部范围内，数据可以由其邻域点线性表示，之后求得最优映射关系，以确保数据在低维嵌入空间也能保持这种线性表示关系。

近邻保持嵌入算法描述如下：

（1）构造近邻图，利用K近邻算法（K-Nearest Neighbor，KNN）算法对每个原始数据集的样本点$x\in\mathbb{R}^N$求解连接图，如果样本点之间是相互近邻的，则存在一条有向连线连接两个样本点。

（2）计算重构权值矩阵，如式（6-25）所示：

$$\boldsymbol{W}=\arg\min_W \sum_i\left\|\boldsymbol{x}_i-\sum_j W_{ij}\boldsymbol{x}_j\right\|^2 \tag{6-25}$$

其中，$\sum_j \boldsymbol{W}_{ij}=1$，$\boldsymbol{W}_{ij}$为两个样本点之间的权重值。

（3）计算投影矩阵，如式（6-26）所示：

$$\boldsymbol{XMX}^{\mathrm{T}}\boldsymbol{a}=\lambda\boldsymbol{XX}^{\mathrm{T}}\boldsymbol{a} \tag{6-26}$$

其中，$\boldsymbol{X}=[x_1,x_2,\cdots,x_n]$；$\boldsymbol{M}=(\boldsymbol{I}-\boldsymbol{S})^{\mathrm{T}}(\boldsymbol{I}-\boldsymbol{S})$，$\boldsymbol{I}=\mathrm{diag}(1,\cdots,1)$；$a_1,a_2,\cdots,a_d$为$d$个特征向量对应的特征值，重构权重矩阵为$\boldsymbol{A}=[a_1,a_2,\cdots,a_d]$。

6.2 基于三维姿态高精度传感技术

6.2.1 概　述

6.2.1.1 高光谱检测方面

目前，国内外学者在高维数据特征提取方面已经提出了一些较为成熟的算法，其中代表算法为主成分分析(Principal Component Analysis, PCA)和线性判别分析(Linear

Discriminant Analysis, LDA)。主成分分析又称为KL变换，是一种非监督特征提取算法，主要思想是利用图像数据的统计量寻找一种线性变换，将原始数据集投影到新的特征空间，使得映射后的数据集互不相关。但通过主成分分析对数据进行预处理需要假设数据服从高斯分布，然而实际数据往往不是线性的，这使得算法丢失大量非线性信息。线性判别分析是另一种常用的监督特征提取算法，主要思想是假设高维数据空间有相同标号的数据具有相同的高斯分布模型，通过设计最优变换，使类间散布矩阵与类内散布矩阵的比值最大化，使具有相同标号的数据互相靠近，具有不同标号的数据互相远离。以上两种方法均为线性特征提取算法，将其应用到包含非线性特征的高光谱数据时，会丢失原始数据集中的非线性信息。为了解决这问题，国内外学者先后提出了一些非线性特征提取算法。其中，核主成分分析的提出完成了线性变换到非线性变换的过渡，该方法的理论基础是模式可分性理论，即在低维空间中不可分的数据在高维空间中是线性可分的，主要思想是利用核函数将原始数据集映射到高维特征空间，以便在高维特征空间利用线性算法进行特征提取。核主成分分析不需要给出映射函数的实际形式，克服了一般非线性映射函数参数的不确定性，另外其运算的本质是利用内积进行高维映射，算法的复杂度与特征空间维数无关，降低了映射过程的计算量。近年来，流形学习越来越受到学者们的广泛关注，逐渐成为广泛使用的非线性特征提取算法。其基本假设是高维空间的数据并不是均匀分布的，而是分布在低维流形上，所以通过寻找高维特征空间到低维嵌入流形的映射关系可以实现降维。这一类流形学习算法是基于数据导向型，不需要数据集的先验知识，相对比基于先验信息的核主成分分析，该方法在数据的泛化性方面有较大优势。基于流形学习的特征提取算法分为:学习数据全局结构的全局流形算法和保持数据间局部邻域特性的局部流形算法。2004年Bachman等人利用等距特征映射算法(Isometric Feature Mapping， ISOMAP)学习高光谱数据集的低维嵌入流形曲面，该方法首先建立数据点的邻域图，然后通过迪克斯特拉算法计算样本点邻域内外的最短距离，最后寻求原始高维数据集的低维嵌入映射。ISOMAP算法是一种典型的非监督全局流形特征提取算法，具有较好的数据泛化能力。2000年提出的局部线性嵌入算法考虑了高维数据不存在全局线性结构，但在数据点的邻域范围内，可以近似为局部线性欧氏空间，这样，高维空间中的数据结构能够在低维空间恢复信息。拉普拉斯特征映射算法在构建局部邻域图时，通过核函数定义样本点与其邻域之间的权重值，相对于局部线性嵌入算法提高了算法的抗噪声能力。与上述算法不同，局部切空间排列算法利用样本点的切空间来描述数据的几何结构，将切空间进行排列以构造数据的全局流形嵌入坐标，算法对于描述复杂的流形结构具有较强的适应性。上述局部算法都没有确定的映射函数，以至不能将已有算法应用到新的数据集上，为此 He 等人在 2005 年提出了邻域保持嵌入算法，算法在计算样本点的权重矩阵后，引入线性变换，即计算线性投影以便可以应用到测试数据。同年，He 等人对拉普拉斯特征映射算法进行改进，提出了局部保持投影算法，该算法对拉普拉斯特征映射算法进行线性化，同样需要计算线性映射函数高光谱图像具有较高的光谱分辨率，使其对地物目标具有较强分辨能力的同时，也为高普图像的处理带来了一些困难，主要包括以下几个方面：

1. Hughes 现象

Hughes 现象于 1968 年提出，描述了广义上测量数据复杂度、平均识别精度和训练样本个数三者之间的关系。测量复杂度指测量装置获取的数据细节程度，即数据维数对于高光谱图像，维数的升高使得用于参数估计所需的训练样本个数急剧增加，如果训练样本个数较少，不满足特征空间维数增加的要求，其较高的维数特征反而降低分类精度的进一步提高。随着高光谱图像参与处理波段个数的增加，图像分类精度出现先增加后减小的现象，这被称为 Hughes 现象。只有当训练样本数充足时，分类精度才随着测量数据复杂度的增加而增加；而当训练样本个数有限时，分类精度随着测试数据复杂度的增加表现为先增加后减小。因此，对于在实际应用中的有限样本，必存在一个最佳的测试数据复杂度，使得分类精度达到最优。由于高光谱图像的有效信息主要集中于特征空间的某一低维子空间，所以通过特征提取进行降维是解决 Hughes 现象的有效方法。

2. 数据的冗余度

虽然高光谱图像可以提供大量的地物信息，但在某些实际应用中，数据量的增加并没有为数据处理算法提供更多的信息。高光谱图像的冗余包括空间冗余和光谱冗余。在一个波段图像中，同一地物表面采样点的灰度之间通常表现为空间连贯性，而基于离散像素采样所表示的地物灰度并没有充分利用这种特征，产生了大量空间冗余。高光谱图像较高的光谱分辨率使得图像中某一波段的信息可以部分或完全由图像中其他波段预测，因此产生了光谱冗余。

3. 数据量大

相对于多光谱图像，成像光谱仪得到的高光谱图像的波段数可达几十甚至几百，数据量远大于多光谱图像。以 AVIRIS 图像为例，共包含 200 个波段，图像大小为 144 像素 × 144 像素，像素深度为 16 bit，则该图像的数据量为 7.91 Mbyte，这不仅给高光谱图像数据的传输和存储带来了不便，而且对高光谱图像的处理也是一个挑战。

6.2.1.2 三维姿态高精度感知方面

早在 20 世纪 60 年代，国外就有很多国家已经开始着手研究地震状态下的变电站电气设备状态测量技术了。美国基于微地震监测技术，研制出了一套变电站地面震动监测设备，其工作原理是：使用多通道的磁带记录仪器采集微地震信号，然后将磁带记录仪中的信号输入示波器中，通过示波器观察波形，人工提取有效的波形数据，最后将提取出的有效数据交给计算机处理和分析。实际分析结果表明该监测方法是可行的、有效的，存在的缺点是整个过程大概要耗时几十个小时，不能实现实时监测的目标，不具有实用性，但是该技术为后来改进微地震监测系统提供了准确的参考方向。

在 20 世纪 70 年代中期,波兰在微地震监测系统中首次引进了磁电式振动传感器，通过该传感器直接采集信号，然后将采集的数据交给计算机处理，这样避免了人工筛选数据，同时也提高了系统的工作效率。在同一时期，英国也独自研制了一套便携式的微地震监测仪，该仪器可以通过采集的数据绘画出地震过程中由于震动产生的振动波形。此外，还可以记录波的振动方向和波到达的时间，该技术实现了从人工向智能化方向发展的突破。

在国内，变电站及关键电气设备地震监测技术发展较慢，其研究主要集中在理论研究上，自主研发的监测仪器很少，微地震监测技术的应用绝大多数是依赖国外的设备及数据处理系统。我国是在 20 世纪 80 年代末 90 年代初才开始着手研究该技术，且研究技术水平较低。最开始开发出的变电站微地震监测仪器是监听式地音仪，慢慢地向多通道智能监测系统方向发展。但是，由于研发水平较低，开发出的系统其数据处理能力和处理速度根本无法满足实际的需要，所以无法使用。1980 年，北京矿务局从波兰购买了一套微地震监测系统，但是该系统操作比较复杂，且自动化程度不是很高，再加上工作人员缺乏经验，后来这套系统慢慢地就被淘汰了。2003 年，我国的研发人员和澳大利亚微地震监测系统的研发团队合作，研制出我国第一套用于地面监测的微地震监测仪器，并取得了良好的监测结果。2008 年，我国引进了由加拿大 ESG 公司研制的微地震监测仪器，并将其应用于湖南竹园金属矿山，主要研究高应力导致的微地震事件。时至今日，在国家相关部门的大力支持和监督下，我国在微地震监测技术方面的研究取得了突破性进展，积累了大量且多样的监测方法。

当前，微机电系统（Micro Electro Mechanical Systems，MEMS）传感器已经取得了令人瞩目的进展。随着 MEMS 陀螺仪和 MEMS 三维加速度传感器的迅速发展，MEMS 惯性测量单元（Inertial Measurement Unit，IMU）得到了快速的发展。MEMS

惯性测量单元是将一组 MEMS 传感器集成在一个器件中，可实现对惯性运动的多种测量。1994 年，Draper 实验室首次研制成功 MEMS 惯性测量单元，这种惯性测量单元具有体积小、重量轻、低成本、小功耗、抗冲击和方便安装调试等优点。目前，MEMS 市场主要由几个大公司占据主导地位，如 Honeywell 和 ADI，尤其是美国模拟器件公司（Analog Devices Inc，ADI）凭借其 iMEMS（集成微电子机械系统）成为业界认同的基于微电子机械系统（MEMS）传感器领先者，其独特的 iMEMS 工艺能使传感器单元和信号调理电路集成在一颗芯片上，ADI 公司推出的数字输出 ADXL355 芯片，是低噪声、低漂移、低功耗、三轴 MEMS 三维加速度传感器，支持 ±2.048g、±4.096g 和 ±8.192g 范围，在全温度范围内提供业界先进的噪声性能、较低失调漂移和长期稳定性，可实现校准工作量极小的精密应用。本书选用了该公司 ADXL355 芯片，可以满足瓷套设备在地震下的震动特性响应测量和变电站极其复杂的安装环境需求。

6.2.1.3 地震灾害告警方面

美国、日本、墨西哥是最早应用地震速报与预警的国家。近年来，随着几个重要国际会议（如 1996 年在墨西哥 Acpulco 举行的第 11 届世界地震工程会议、1997 年在希腊 Thessaloniki 举行的第 29 届 IASPEI 会议及 1998 年在德国 Potsdam 举行的预警系统运用于降低自然灾害的会议）的召开和宣传，又有很多国家应用这项技术，如澳大利亚、德国、土耳其、亚美尼亚、罗马尼亚和立陶宛等，而且，地震预警系统已被应用到不同的领域。

1. 墨西哥城地震预警系统 SAS（Seismic Alarm System）

该系统 1991 年 8 月投入使用，是世界上唯一向公众发布地震警报的地震预警系统。该系统可以使墨西哥城 2000 万人口中约有 440 万人能够接收到警报信号。1995 年 9 月 14 日 Guerero 地区发生了 7.3 级地震，SAS 系统在地震波到达墨西哥城前 72 s 发出了地震警报。由于及时采取了防震措施，大大减少了人员伤亡。尽管这是由于震中距远达 320 km 而产生的特殊事例，但它证明了地震预警系统的功能。

2. 土耳其伊斯坦布尔地震快速反应和早期预警系统 IERREWS

该系统于 2003 年建成，包括快速反应和早期预警两个子系统。快速反应子系统基本组成为：① 监测系统，由 10 个实时强震台（预警）、100 个拨号数据传输强震台（快速反应）和 40 个结构台等传感器组成；② 通信连接，用于在计算机和传感器之间传输数据（快速反应系统非实时连接，早期预警系统实时连接）；③ 数据处理设备（计算机）；④ 快速反应和早期预警信息的发布和通信系统。

早期预警子系统的组成：① 布设在尽量靠近 GreatMarmara 断层的 10 个实时强震台；② 数字化无线电调制解调通信系统（包括转发站），用于连接强震台和主控数据中心；③ 主控数据中心；④ 警报发布系统，包括通信设备和接收设备的自动关闭伺服系统。该系统目前采用带通滤波加速度和累计绝对速度作为预警参数，当这两个参数的值超过预设阈值时，系统就认为是第一个预警建议。第一个预警建议后，在特定时间内，再有任何 2 ~ 3 个强震台发出预警建议，系统就发布地震警报。预警信号通过通信设备传输给接收设备的自动关闭伺服系统，设备做出应急反应（关闭阀门、切断电源等）。该系统目前的预警时间可达到 8 s。

3. 中国地震预警系统

中国从 20 世纪末开始开展地震预警技术先期研究，已在测震台网和强震动台网观测数据实时处理、地震事件的实时检测、基于有线台站记录的实时地震定位、基于地震动初期信息的震级测定以及和地震动场实时预测等方面都取得了一些成果。

然而，从文献资料看，从 20 世纪 80 年代后期一直到目前为止，电气设备抗震的研究较少。以前的电气设施抗震研究工作基本是在 110 ~ 220 kV 的电压范围内进行的，这是由于当时我国电力系统中大量采用的是 110 ~ 220 kV 高压电气设备。虽然对一些超高压电气设备进行了试验研究和实测，但由于条件所限，对 330 kV 及其以上电压等级的电气设备抗震性能的研究工作开展较少。随着近年来电力工业的迅猛发展，超高压 500 kV 已经成为我国大部分地区的主干电网，特高压 1 000 kV 电网的示范线路已经开工建设，因此，对超高压和特高压电气设施的抗震研究势在必行，应尽早深入开展这方面的研究工作，以适应电网发展的需要。

（1）广东大亚湾核电站地震预警系统。

中国广东大亚湾核电站在 1994 年建立了用于地震报警的地震仪表系统。该系统由 6 个三分量加速度计、4 个三分量峰值加速度计和 2 台地震触发器组成，当地震动超过给定的阈值（0.01g）时，中心控制室的警报器报警，经专家系统决策后采取相应的措施。作为大亚湾核电站地震仪表系统的技术后援，中国地震局工程力学研究所自 1995 年起就一直负责该系统的技术维护工作。

（2）石化企业地震预警系统。

辽宁省地震局利用数字化观测技术、GIS 技术等高新技术，为中国石油天然气股份有限公司大连分公司建立了大型石化企业地震预警系统，该系统与地震应急系统相连，于 2001 年 10 月投入试运行。

该系统由台站和网络处理分析中心组成，并与防震减灾信息管理系统（地震应急系统）相连。台站有两个：一个为单台地震观测系统，使用 JVC-104 三分向速度型地震计；另一个为强震观测系统，使用 ICSENSORS3140 型加速度计。台站拾取地面振动的速度和加速度，并将其转换成数字信息。网络处理分析中心由 2 台微机、100 M 网络系统、SCOUNIX 和 Win98 操作系统、EDSP-GDRTS 实时处理软件、EDSP-MIAS 人机交互软件、PBGJ-AUTO 自动预警处理软件组成。警报发出后，立即关闭油罐、重要装置阀门，启动信息管理系统进行应急反应。中国地震局工程力学研究所还于 2004 年研制成功了可用于煤气系统地震预警的 JK-1 型煤气地震阀门。

6.2.2 数据采集点误差分析及预处理

瓷套设备震动数据主要基于三轴加速度传感器进行采集，在测量过程中，由于机械振动、安装环境的影响，会不可避免地出现噪声。误差分析的目的是利用一些统计学的规律对其进行校准。

三轴加速度传感器的随机误差主要体现在高动态条件下采集加速度时，在采集的数据中出现偶现的脉冲噪声。这种噪声的出现是由加速度传感器动态运动时重力场引入运动加速度而导致的数据变化的不确定性造成的，也和加速度传感器的制造工艺有关。

对于这种情况，使用自适应中值滤波器进行数据平滑处理。传统中值滤波的滤波方法是用一个窗口滑过信号，用中值去取代窗口中心位置的值，令此点的值更趋于信号的变化趋势值，从而可以消除孤立的噪声点，达到消除脉冲噪声的目的。中值滤波中滤波窗口越小，对保护数据集中细节的保留就越好，但是滤除噪声的能力是有限的；相反，增大滤波窗口可以提高抑制噪声的能力，但会滤除一些非噪点。由于常规中值滤波器所使用的滤波窗口大小是固定不变的，造成上述矛盾无法得到解决。采用自适应中值滤波器的滤波方式可以解决这个问题。首先，提前给自适应中值滤波器设定一个阈值，当窗口中心的数据点被判断为噪声时，当前窗口中值被滤波器的输出取代，否则其值得到保留。自适应中值滤波器可以对加速度数据中经常出现的脉冲噪声产生很好的抑制作用，细节也得到很好的保留。其中值滤波基本过程如下：

$$Z_{\mathrm{med}}=\begin{cases}a_k, n\in(1,3,5,\cdots,2n+1)\\ \dfrac{a_k+a_{k+1}}{2},(2,4,6,\cdots,2n)\end{cases} \tag{6-27}$$

其中，n 是滑动窗口的大小；a_k 是将当前滑动窗口的数据按数值大小顺序逐一排列后序号为中间的数；a_i 是输入的窗口加速度数据。

定义 Z_{min} 为加速度数据 a_i 的最小值，Z_{max} 为加速度数据 a_i 的最大值，Z_{med} 为信号中值，S_{max} 为允许的最大窗口尺寸。这样自适应中值滤波器有可以归纳为两个处理过程：确定当前窗口内得到中值 Z_{med} 是否为噪声和判断加速度 a_k 是否为噪声。如果满足 $Z_{min}<Z_{med}<Z_{max}$ 的关系，则中值 Z_{med} 不会被判定为噪声，继续对当前窗口的中心位置的加速度数据进行检查，判断 a_k 是否为噪声。如果满足 $Z_{min}<a_k<Z_{max}$ 的关系，则 a_k 不是噪声，此时滤波器将 a_k 输出为当前时刻的加速度；如果不满足上述条件，则可判定 a_k 是噪声，这时输出中值 Z_{med} 作为当前时刻的加速度。

6.2.3 基于 MEMS 的瓷套设备震动监测算法研究

6.2.3.1 瓷套设备震动数据监测处理算法

物体运动状态的改变是物体受力改变的结果，物体运动状态是用物理量加速度来描述的。速度与加速度之间并无必然的联系，速度很小时，加速度可以很大；而速度很大时，加速度也可能很小。物体做变速直线运动时，加速度方向与速度方向在同一直线上；物体做变速曲线运动时，加速度方向与速度方向不一致，并不在同一直线上；物体做匀速直线运动或者静止时，加速度为零。

任何复杂的运动都可以看作无数的匀加速运动和匀速直线运动的合成，用公式表述如下：

$$a=\frac{\mathrm{d}v}{\mathrm{d}t}=\frac{\mathrm{d}^2 s}{\mathrm{d}t^2} \tag{6-28}$$

由此即可推出位移的计算公式：

$$v(t)=\int_0^t a\mathrm{d}t+v(0)=a\cdot t+v(0) \tag{6-29}$$

$$S(t)=\int_0^t a\mathrm{d}t+\int_0^t v(0)\mathrm{d}t+S(0)=\frac{1}{2}a\cdot t^2+v(0)\cdot t+S(0) \tag{6-30}$$

本书中，将地震状态下瓷套设备的整个运动分成均匀的 n 个小段来分析，当 n 很大的时候，每一小段运动都可以近似为匀速直线运动和匀加速运动。由匀加速运动公式：

$$v(t)-v(0)=a\cdot t \tag{6-31}$$

即：

$$v(t)=a\cdot t+v(0) \tag{6-32}$$

$$S=v(0)\cdot t+\frac{1}{2}a\cdot t^2 \tag{6-33}$$

每一段的位移都可用其加速度和时间来表述，第 1 段（初速度为零）位移公式为：

$$S_1=\frac{1}{2}a_1\cdot t^2 \tag{6-34}$$

第 2 段位移公式为：

$$S_2=V_1\cdot t+\frac{1}{2}a_2\cdot t^2=\left(a_1\cdot t\right)\cdot t+\frac{1}{2}a_2\cdot t^2 \tag{6-35}$$

第 n 段位移公式为：

$$Sn=\sum_{0}^{i=n-1}a_i\cdot t^2+\frac{1}{2}a_n\cdot t^2 \tag{6-36}$$

为了此公式能够在微处理器 STM32F407 中进行简单的编程，本书对该公式做以下修改：

$$S_n=\sum_{0}^{i=n-1}a_i\cdot t^2+\frac{1}{2}a_n\cdot t^2+\frac{1}{2}a_n\cdot t^2-\frac{1}{2}a_n\cdot t^2 \tag{6-37}$$

即：

$$S_n=\sum_{0}^{i=n}a_i\cdot t^2-\frac{1}{2}a_n\cdot t^2 \tag{6-38}$$

式中，t 是采样间隔；a_i 是第 i 次采样得到的加速度值；S_n 是第 n 次采样后测量得到的位移。

6.2.3.2 算法优化

为了提高微处理器的工作效率，本书提出了一种同时进行数据采集与处理的方法。在 STM32 的中断处理程序中设置了两个二维浮点型数组：array_data[3][24]和 array_data2[3][24]，用以暂时存放三轴的 24 个加速度值。当中断响应时，两个数组轮流依次储存数据，当一个数组满了就换一个数组，同时标记信号常量 array_full flag 为 1，当主函数检测到 array_full flag 为 1 时就执行加速度数据处理函数，同时另一个数组也在不停地采集数据。

当一个数组满时进入计算路程的函数 acceleration length（int axis），在函数 acceleration length（int axis）中设置了一个新的数组 array data[30]，前 6 个数据取自另外一个数组（特别注意第一次采集数据时另外一个数组还未被赋值，这时前 6 个数据都为 0），后 24 个数据取自本数组，这样可以有效连接两个数组，平滑数据。

由于存在噪声，加速度传感器在测量时数据不能稳定，4g、250 Hz 模式下也存在 ±2 的漂移，所以在静止状态下测量也会产生偏差。为了消除这种情况，必须先对数据进行滤波。

6.2.4 基于 MEMS 的瓷套设备姿态信息融合算法研究

MEMS 陀螺仪解算的姿态角短时精度较高，但积分漂移严重，且对瓷套设备的振动敏感，随着时间的推移和不断积分运算，漂移误差会累加变大，存在姿态解算发散的问题。MEMS 三维加速度传感器和磁力计则具有较好的静态性能，解算姿态角时不存在积分过程，但动态响应速度慢，短时精度差。单独使用二者之一都会降低姿态角的估计精度。Kalman 滤波是目前公认的最适合多传感器动态信息融合的算法，但应用常规 Kalman 滤波算法时，要求系统噪声和量测噪声统计特性已知。然而在瓷套设备姿态监测多传感器信息融合的实际应用中，系统噪声与量测噪声统计特性是未知且时变的，这使得常规 Kalman 滤波算法失去最优性，估计精度大大降低，甚至会引起滤波发散。

采用 Sage-Husa 自适应 Kalman 滤波算法在理论上可实现在线自适应估计系统噪声和量测噪声统计特性，但将该算法应用于瓷套设备姿态角信息融合时，会发现该算法实质上无法在系统噪声和量测噪声统计特性均未知的前提下将二者准确分离并高精度地估计二者方差值，因此算法需要改进。本书采用基于一种改进的 Sage-Husa 自适应扩展 Kalman 滤波算法。该算法使用 MEMS 陀螺仪实时动态解算的姿态角方差来估计系统噪声方差，而只使用量测噪声估计公式对量测噪声方差进行自适应估计。

6.2.5 MEMS三维加速度监测设备小型化低功耗实现

常规的4G通信模块，在连续在网数据传输的情况下，功耗大约为500 mW，在启动、注网时功耗更大，最大功耗可达12 W（最大瞬态电流约3 A），4G模块平均功为5 W。常规的工业级MCU，由于需要开启的功能多、运行频率高，如需要A/D、SPI、I^2C等，算法也较复杂，功耗约150 mW。采用太阳能和锂离子电池组组合储能供电的模式，系统中会出现较多的充电管理、BMS、DC/DC、LDO，综合功耗大于200 mW。所以如果不进行专门的低功耗设计，一套可独立工作的数字震动传感器系统综合功耗为5～6 W。

按30天无外部供电（无可充电阳光）情况下连续供电配置储能电池，供电电压范围为4.2～3.3 V，放电深度80%，设电池容量为Q，则有：

$$Q\eta\beta\sigma\lambda > \frac{I}{U}HD \tag{6-39}$$

式中，η为电池放电效率，为0.95；β为低温电池容量衰减，为0.6；σ为电池容量衰减比，为0.8；λ为电池放电深度，为80%；I为设备平均工作电流，单位为安培（A）；U为设备工作电压，单位为伏（V）；H为每日小时数，单位为小时（h）；D为不充电连续放电天数。

$$Q > \frac{IHD}{U\eta\beta\sigma\lambda} \tag{6-40}$$

计算得出电池容量约 2 000 Ah，相当于 20 余只中大型汽车蓄电池，总体积约0.2 m^3。

参照《地面用晶体硅光伏组件（PV）—设计鉴定和定型》（IEC 61215—2005）、《地面用晶体硅光伏组件设计和定型》（GB/T 9535—2005）和《架空输电线路在线监测装置通用技术规范》（GB/T 35697—2017）中的规定配置太阳能板和蓄电池组。

同时，太阳能电池组件的配置功率计算宜综合考虑电源安装地点的经纬度、海拔等地理位置数据，日照强度、气温及风速等气象数据；负载特性、负载平均功耗以及最大功耗、运行时间等；根据负荷用电量进行太阳能电池与蓄电池容量匹配优化设计；

蓄电池深放电后的回充时间等因素，使用太阳电池与蓄电池构成的半浮充制供电电源系统。

根据以下公式计算：

$$P=\frac{V_{\mathrm{p}}I[8760-(1-\eta_{\mathrm{b}})T](V_0N_{\mathrm{b}}+V_1)F_{\mathrm{c}}}{\eta_{\mathrm{b}}\eta T[V_{\mathrm{p}}+\alpha(t_2-t_1)N_{\mathrm{m}}]} \tag{6-41}$$

式中，P 为太阳能电池方阵总容量，W，V_{p} 为个太阳电池组件在标准测试条件下取得的工作点电压，V；I 为负荷电流，A；η_{b} 为蓄电池充电安时效率，取 0.84；T 为当地年日照时数，h；V_0 为每只蓄电池浮充电压，V；N_{b} 为每组蓄电池只数；V_1 为串入太阳电池至蓄电池供电同路中的元器件和导线在浮充供电时引起的压降，V；F_{c} 为影响太阳电池发电虽的综合修正系数，一般取 1.2 ~ 1.5；η为根据当地平均每天日照时数折合成标准测试条件下光照时数所取的光强校正系数，一般取 0.6 ~ 2.3；α为太阳电池组件中单体太阳电池的电压温度系数，其值为 – 0.002 2 ~ – 0.000 2 V/°C；t_2 为太阳电池组件工作温度，°C；t_1 为太阳电池标准测试温度，°C；N_{m} 为太阳电池组件中单体太阳电池串联的只数；8 760 为平年每年小时数，h。

可计算出 5 W 物联网设备需要配备的太阳能电池板的总功率约 200 W，按单晶硅太阳能板计算，面积约 1 m^2。

变电站地面无法提供大量 1 m^2 单晶硅太阳能板安装位置和 0.2 m^3 的蓄电池安装空间。

变电站典型瓷套设备安装法兰或底座周边更无法提供上述位置。

常规产品无法满足变电站对数字加速度物联网传感器的安装位置、功耗等特殊要求。减小太阳能板、减小储能电子的体积，最直接的办法就是降低设备的功耗。

常规的低功耗设计，可以将设备的功耗从 5 W 降到 2.5 W，仍然不能满足变电站需求。

本书采用选择极低功耗器件和多重低功耗软件设计相结合的方法，将功耗从 5 W 降到 50 mW。

选用极低功耗器件。本书选用了极低功耗的 MCU、数字加速度 MEMS 芯片、和极低功耗的 4 G 芯片，通过软件设计，实现系统综合功耗大幅度降低。

本书选择了极低功耗的 MCU 为 STM32L 系列微控制器。

STM32L 系列微控制器是意法半导体公司 2010 年的产品。这是一款基于 EnergyLite™ 超低功耗 32 位 MCU，是 STM32 家族第 6 个产品系列，该系列芯片采用 130 纳米技术和超低漏电流工艺，节能性能突出。Cortex-M3 内核的 L1 处理器的工作模式划分为运行、睡眠、停机（2 种）、待机（2 种）共 6 种，最小低功耗电流可达 270 nA。图 6-4 为 STM32 L152 的超低功耗模式及功耗对比。

意法半导体的 STM32L 系列又分为 3 大类型：一是 M0+内核的 STM32L0；二是 Cortex^TM^-M3 内核的 L1；三是 Cortex -M4 内核的 L4 和 L4+，其中 L0 和 L1 都有 5 种低功耗模式，这 5 种低功耗模式分别是低功耗的运行、睡眠、低功耗睡眠、停止和待机。

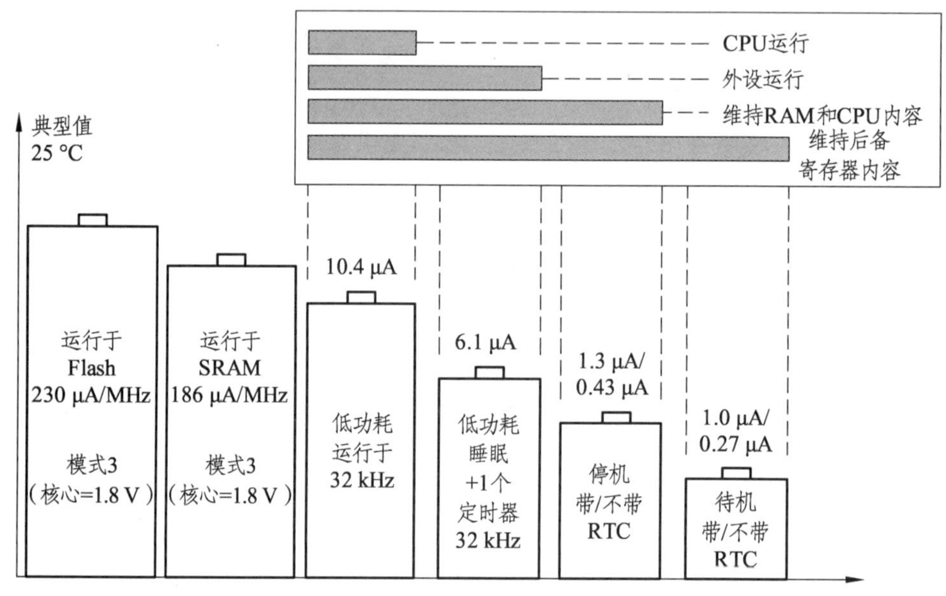

图 6-4　STM32L152 的超低功耗模式及功耗对比

Cortex^TM^-M4 内核的 L4 和 L4+在 5 种低功耗模式基础上又添加了停止模式下的两个状态，也就是 stop 1、stop 2 和关断模式，低功耗表现更为优秀，在 EEMBC（嵌入式微处理器基准测评协会）测评排名中，功耗首屈一指。

低功耗运行模式运行时，MCU 电流消耗很低，它与运行模式最大的区别是给内核供电的内部电压调节器电压要低于正常的运行模式下的电压值，也就是它使用的是低功耗电压器来供电，所以系统最大的相对运行频率也会很低。像 L4 在低功耗运行模式时最大的频率不超过 2 MHz，对 L1 来说，它不能超过 121 kHz。睡眠模式时，Cortex-M 内核的时钟被关闭了，但外设是继续保持运转的，整个 I/O 的引脚状态与运行模式下也是相同的。低功耗睡眠模式是基于睡眠模式下的低功耗模式，是具有极低电流消耗的睡眠模式，它内核的时钟也是被关闭的，同时外设时钟频率受到了限制。因为它的电压调节器属于低功耗状态，内部的 FLASH 是要被停止的，所以低功耗睡眠模式只能从低功耗运行模式进入，这个是和其他模式不同的，其他模式都可以从运行模式直接做切换。在低功耗运行和睡眠模式下，可以有一个 BAM 模式，它的工作方式是通过 RTC 加一个外设加 DMA 加 SRAM，在不需要 CPU 干预的情况下就可以自行采集数据，一旦到了数据采集需要到 CPU 处理的条件时，然后再把 CPU 唤醒做处理，所以这整个小系统就实现了一个协处理器的功能。停止模式和睡眠模式的区别是内核的一个供电区域，不仅给 CPU 内核供电，还会给系统内部的存储器和它的数字外设供电。停止模式中，除了 CPU，也就是 Cortex-M 内核的时钟被关闭外，内核供电域的时钟也被停止；在停止模式下，内核供电域的时钟全部都停止，PLL 内部、外部的高速时钟全部都停掉，电压调节器为内核供电域供电，保留寄存器和内部 SRAM 中的内容。在 L4 和 L4+系列中，停止模式被细分为 stop 0、stop 1 和 stop 2 共 3 种模式，按照功耗从低到高来说，stop 2 是功耗最低的一个 stop 模式，它整个 Vcore 电源域放在了更低的漏电流模式下，使用了低功耗的电压调节器，只有最少的外设可以工作，所以它的功耗相对来说是最低的，但是唤醒时间是最长的。Stop 1 模式提供了更多的外设和唤醒源，唤醒时间也会更长一些；stop 0 模式主电压调节器打开，可以得到最快的唤醒时间；在所有的 stop 模式下，所有的高速振荡器停止，而低速振荡器保持活动，外设设置为 Active，需要的时候就可以使用这些高速时钟，能保证它在一些特定的事件下去唤醒设备。在待机模式下，内核的供电是直接断电的，电压调节器掉电区寄存器的内容会完全丢失，包括内部的 SRAM，所以最大的区别就是说，系统从待机模式下的低功耗唤醒的时候，系统是要复位的。待机模式下，BOR 是始终使能的，这样就保证了供电电压低于所选功能阈值时，器件可以复位。默认条件的待机模式下，SRAM 的内容是会丢失的，但是在 L4 里增加了 SRAM 2，如果需要在待机模式后系统唤醒的时候有 SRAM 能保存一些内容，那就可以使用 SRAM 2，它需要有 220 nA 的电流消耗。在关断模式，系统达到了最低的功耗，电压调节器的供电就被关断了，内核的供电也完全被断开，只有备份域的 LSE、RTC 可以工作，所以在 L4 器件实现了一个新的模式。这个模式主要实现的目的就是延长电池供电之后整个器件的使用寿命。它其实是通过关闭内部的稳压器以及禁止使用耗电的监控，所以这个模式可以达到最低的功耗电流。

本书选择了低功耗表现较好、低功耗模式较多的移远 EC200S 为 4G 通信模块。

EC200S 是一款 LTE-FDD/LTE-TDD/GSM 无线通信模块，支持 LTE-FDD、LTE-TDD、EDGE 网络数据连接，其功能框图如图 6-5 所示。

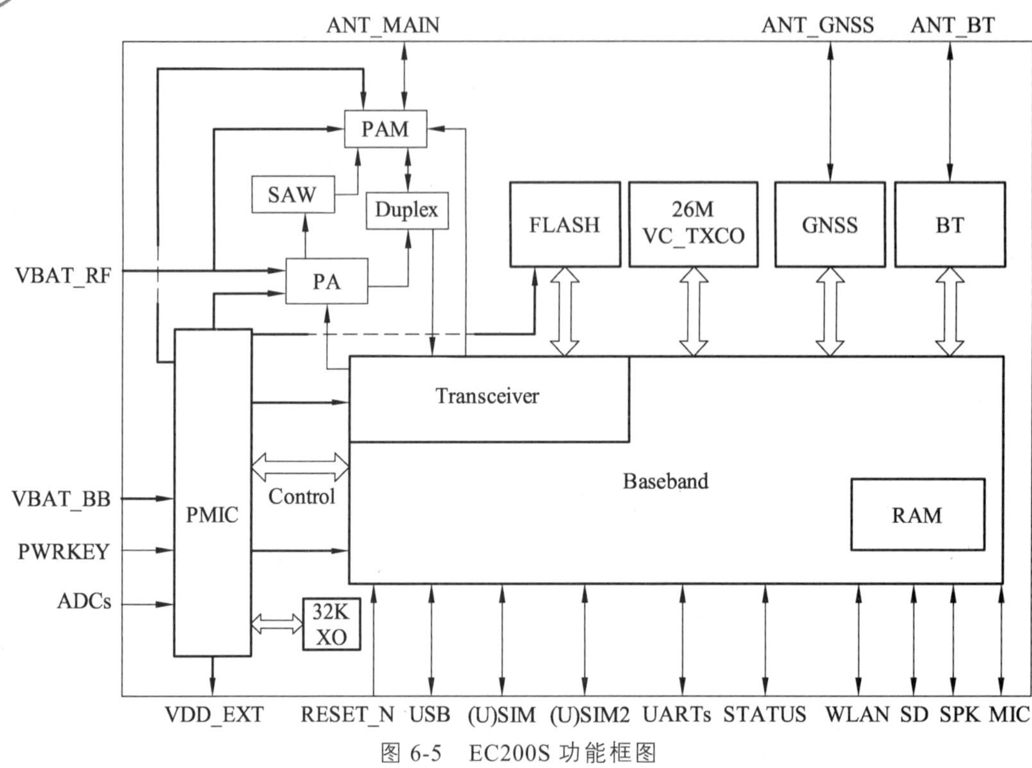

图 6-5　EC200S 功能框图

电源设计对模块的性能至关重要。EC200S 必须选择至少能够提供 2.0 A 电流能力的电源，本书选用大功率升降压 DC/DC 开关电源转换器，负载电流峰值可达到 5.0 A。

EC200S 提供了良好的增强型休眠模式，可满足低功耗需求。EC200S 增强型休眠模式下功耗情况如表 6-1 所示。

表 6-1　EC200S 增强型休眠模式下功耗情况

运营商/制式	休眠模式	时长/h	进入低功耗平均时长/s	平均耗流/mA
移动 LTE	普通休眠模式	2	24.7	18.65
	增强型休眠模式	2	1.7	5.15
联通 LTE	普通休眠模式	2	22.2	27.01
	增强型休眠模式	2	1.3	5.18
电信 LTE	普通休眠模式	2	12.4	16.12
	增强型休眠模式	2	1.8	5.1

EC200S 系列增强型休眠模式下平均耗流如图 6-6 所示。

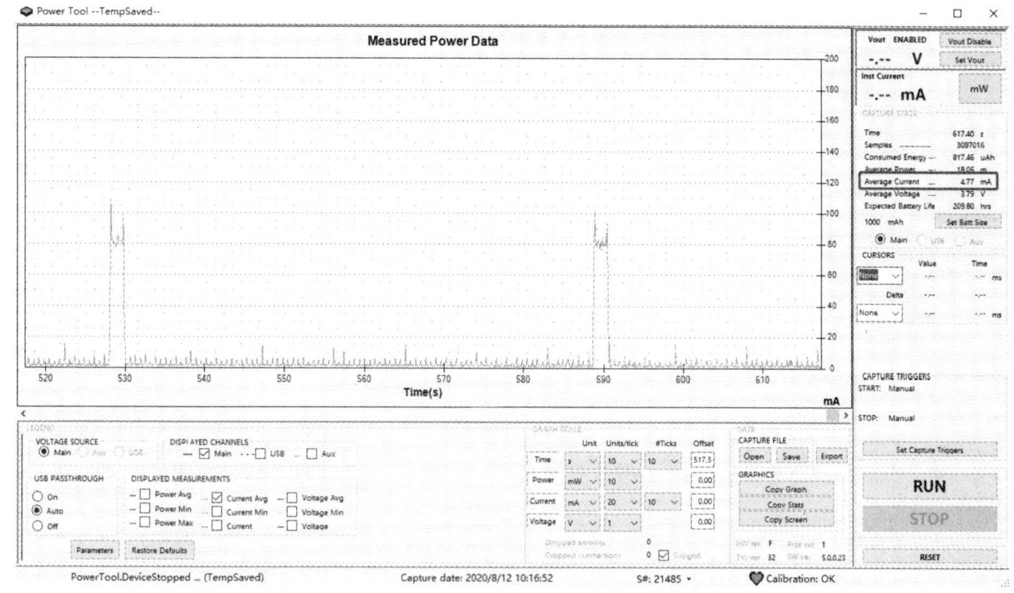

图 6-6　EC200S 系列增强型休眠模式下平均耗流

本书选择的美国 ADI 公司的 ADXL355 为加速度传感器。ADXL355 内置 3 个高分辨率 20 位模数转换器 ADC。这些 ADC 使用 1.8 V 模拟电源作为基准电压源，以提供对电源电压不敏感的数字输出，支持可编程的 $\pm 2.048g$、$\pm 4.096g$ 和 $\pm 8.192g$ 满量程，同时提供 SPI 和 I^2C 通信端口。ADXL355 采用全差分式，包括横向 x 轴和 y 轴传感器以及垂直跷跷板式 z 轴传感器。x 轴和 y 轴传感器以及 z 轴传感器有单独的信号路径，从而将失调漂移和噪声降至最低。

ADXL355 在高分辨率 Σ-ΔADC 之前和之后均配置有抗混叠滤波器。该器件提供用户可选的输出数据速率和滤波器转折频率。温度传感器通过 12 位逐次逼近寄存器（SAR） ADC 进行数字化处理。

ADXL355 提供了良好的低功耗 VSUPPLY（LDO 使能）功能，测量模式为 200 μA，待机模式为 21 μA，具有用户可调模拟输出带宽、集成温度传感器电压范围选项，集成内部稳压器的 VSUPPLY 为 2.25 ~ 3.6 V，旁路内部低压差 LDO 稳压器的 V1P8ANA、V1P8DIG：1.8 V（典型值，±10%），工作温度范围为 −40 ~ +125 °C，在惯性测量单元（IMU）/航姿和航向参考系统（AHRS）平台稳定系统、结构健康监控地震成像、倾斜检测机器人、状态监控有广泛应用，是温度范围内先进的噪声性能、小失调漂移和长期稳定性的芯片，可实现校准工作量极小的精密应用。ADXL355 功能框图如图 6-7 所示。

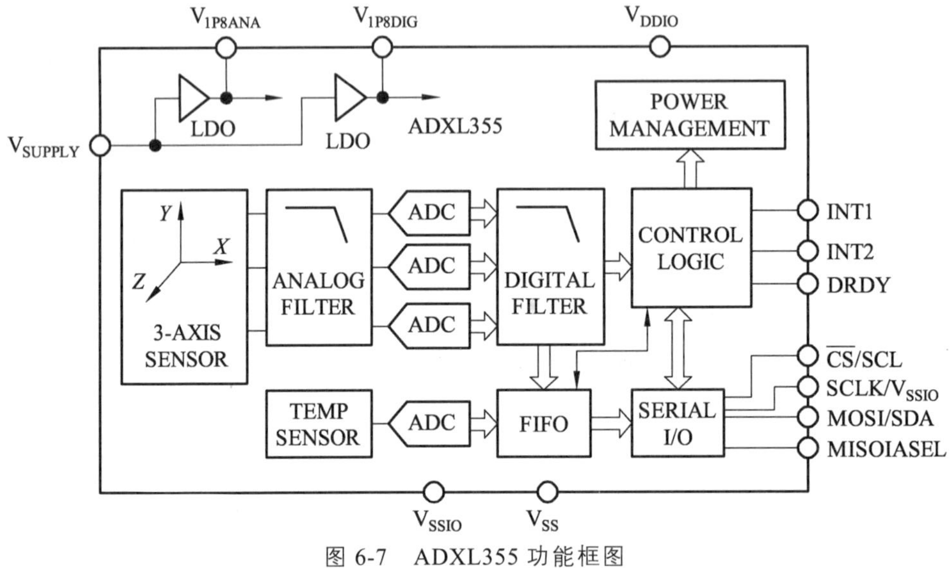

图 6-7　ADXL355 功能框图

ADXL355 体积小巧，集成度高，是物联网（IoT）传感器节点和其他无线产品设计的理想之选。其引脚配置如图 6-8 所示。

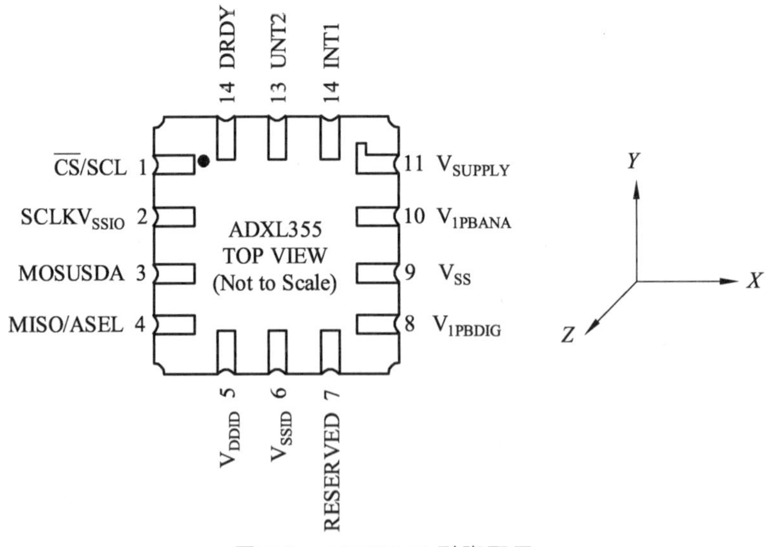

图 6-8　ADXL355 引脚配置

如图 6-9 所示显示了加速度灵敏度轴。沿灵敏度轴加速时，输出电压会增加。

储能电池采用功率密度和自放电衰减较低的松下 18650 锂离子电池。

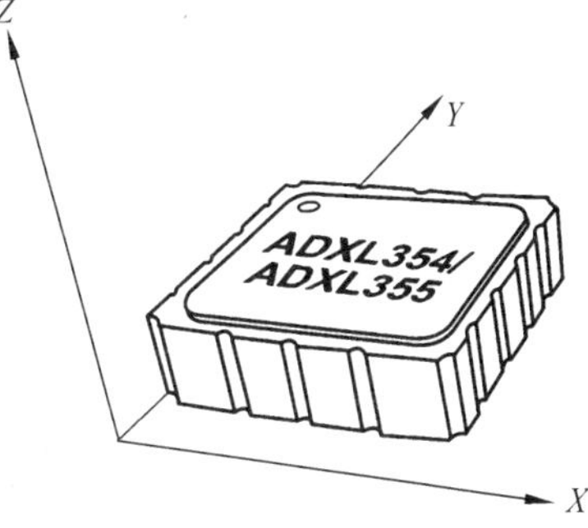

图 6-9 加速度灵敏度轴

在系统的供电设计中，重点考虑 DC/DC、LDO 效率的同时，对更高效利用太阳能和储能电池也进行了专门设计。对太阳能电池充电 DC/DC 进行高效动态范围设计，太阳能电池输出 4.2 V ~ 7 V 时，均可对电池进行充电，确保了强光及弱光条件下，都能有效利用太阳能。储能电池放电电路设计为可自动升降压的高效 DC/DC，储能电池在 3.3 ~ 4.2 V 范围内，都能提供稳定的 4.2 V 输出，本书的超低功耗设计，建立在超低功耗器件选型和超低功耗模式的综合利用上，建立在硬件低功耗和软件低功耗结合上。4G 通信模块 EC200S 在启动、注网后，进入增强休眠模式，数字加速度 MEMS 传感器 ADXL355 工作在测量模式，当加速度值超阈值时，4G 通信模块 EC200S 进入工作模式，进行 1 分钟 TCP 数据传输，传输完成后，重新进入增强休眠模式。在 ADXL355 检测输出在阈值范围内，MCU 将向平台端发送心跳包。优先原则为发送数据第一，发送心跳包第二。

通过上述设计，系统功耗从 5 W 降为 50 mW，太阳能电池降到 6 W，即可满足系统充电要求，储能电池容量降低为 10 000 mAh，选用 4 只松下 3 600 mA 的 18 650 电池并联，可完成系统储能供电要求。超低功耗设计后的太阳能电池面积小于 7.04 cm^2，电池可放置于设备内部，不需要专用电池箱。

6.3 电网地震灾害告警移动应用建设

6.3.1 电网地震灾情即时监测与告警技术框架设计

电网地震灾情及时监测与远程告警，主要的应用就是在服务器收到地震速报信息后，第一时间进行实时告警，自动计算受地震影响的电网设备清单，并对受灾情况开展模型自动评估，通过移动应用等形式进行信息和报告的分发，第一时间辅助灾害应急决策。

6.3.1.1　业务架构

设计的移动应用平台业务架构由“登录”“事项”“工作台”“个人中心”4大模块构成，如图6-10所示。

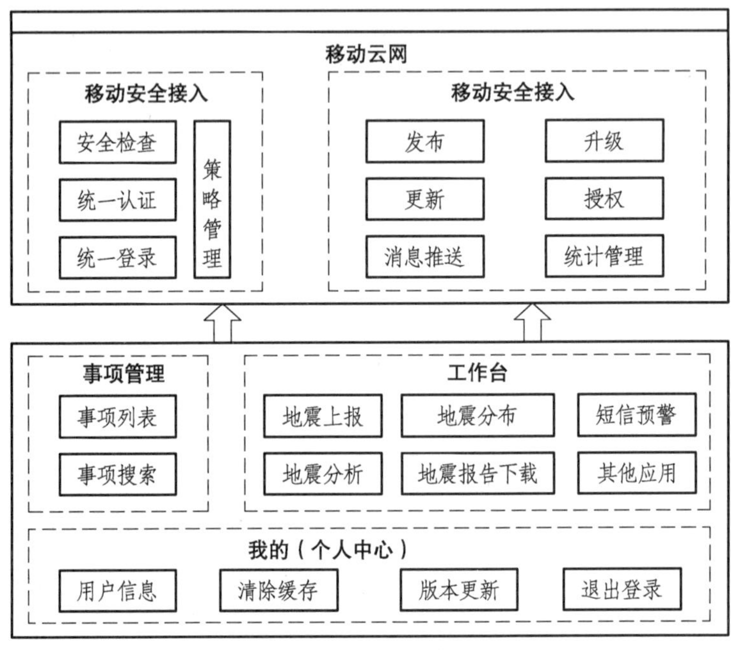

图6-10　业务架构图

6.3.1.2　技术架构

移动应用采用了传统的MVC技术架构。MVC架构可以很好地分离视图层和业务层，它具有以下优点：

（1）耦合性低。

（2）可维护性高。

（3）易于理解。

MVC全名是Model View Controller，是模型（Model）-视图（View）-控制器（Controller）的缩写，用一种业务逻辑、数据、界面显示分离的方法组织代码，在改进和个性化定制界面及用户交互的同时，不需要重新编写业务逻辑。

MVC架构如图6-11所示，其中M层处理数据、业务逻辑等；V层处理界面的显示结果；C层起到桥梁的作用，来控制V层和M层通信以此来达到分离视图显示和业务逻辑层。

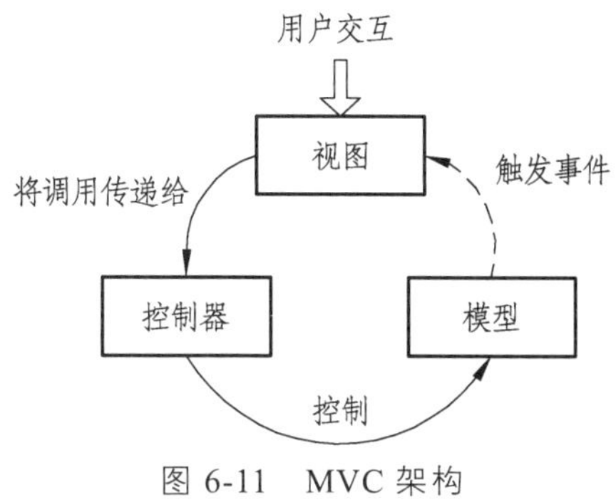

图 6-11　MVC 架构

下面以 Android 为例，简述 MVC 的使用。

1. 视图层（View）

一般采用 XML 文件进行界面的描述，这些 XML 可以理解为 Android App 的 View，使用时可以非常方便地引入，同时便于后期界面的修改。逻辑中与界面对应的 ID 不变化则代码不用修改，大大增强了代码的可维护性。

2. 控制层（Controller）

Android 的控制层的重任通常落在了众多的 Activity 的肩上。这句话也就暗含了不要在 Activity 中写代码，要通过 Activity 交割 Model 业务逻辑层处理。这样做的另外一个原因是 Android 中的 Activity 的响应时间是 5 s，如果耗时的操作放在这里，程序就很容易被回收掉。

3. 模型层（Model）

针对业务模型建立的数据结构和相关的类，就可以理解为 Android App 的 Model，Model 是与 View 无关而与业务相关的。对数据库、网络等的操作都应该在 Model 里面处理，当然对业务计算等的操作也是必须放在该层的，即应用程序中二进制的数据。

6.3.2　系统功能设计

6.3.2.1　地震信息接入、聚合与分发

关于地震信息的接入、聚合与分发，具备以下功能：

（1）系统可以实时监控与各个信息源的连接是否正常，如果有中断的连接立即发出警报，确保地震信息的正常接收。

（2）系统可接收 AU 国家自动测定和 CC 正式速报的地震信息，如图 6-12 所示。

图 6-12　地震信息获取

（3）系统可接收预警模块（JEEW）和自动速报模块（RTS）的地震信息。

（4）系统应具备地震信息综合归纳功能，把属于同一地震事件的各种类型的速报信息聚合在一起，便于查看和管理。

（5）系统可根据台网的速报要求和速报范围对速报信息进行分析和过滤，对满足要求的速报信息发出警报并发布给用户，把不需要速报的信息过滤掉。

（6）系统应具备 CC 正式报漏报提醒功能，当 AU 自动速报结果已经发布，但 CC 正式报结果因未达到速报要求而未发布时，发出警报提醒值班人员。

（7）系统可以对 AU 的误触发事件进行处理，当 AU 已发布的速报信息确认为系统误触发时，给已接收到该误触发信息的用户重新发布"误触发的重要更正"。

各个模块产出的地震速报信息为输入，经过分析过滤后，用不同的方式输出给用户。系统核心可分为 5 大模块：监听模块、过滤策略模块、聚合模块、发布策略模块、发布方式模块。地震速报信息聚合与发布系统结构图如图 6-13 所示。

① 数据结构。

数据结构是一个系统最基本的部分。数据结构的设计除了需要兼顾到系统的性能效率，更加重要的是要满足系统逻辑设计、现阶段系统的功能和未来系统扩展的需要。因为数据结构一旦定下来就不允许轻易修改。本系统的数据结构可分为 AlertStatus 和 OriginStatus 两种对象，其具体结构如图 6-14 所示。

② 存储机制。

本系统的存储是利用 JAVA 语言的对象序列化作为存储，把 AlertStatus 和

OriginStatus 对象的列表存储为二进制文件，这种存储方式操作简单且效率高，不需要安装臃肿的数据库。

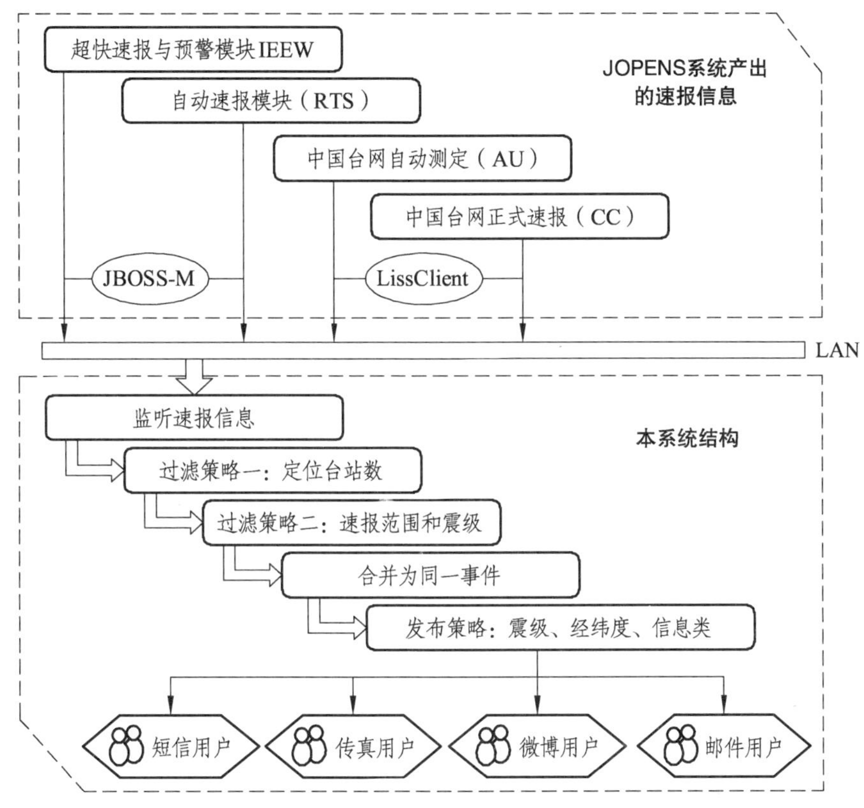

图 6-13　地震速报信息聚合与发布系统结构图

本系统采用定时存储的机制，每一个小时自动存盘一次，当程序退出时也会存盘一次，保证历史数据的完整。当程序重新启动时自动加载历史数据。存储文件按照年份分割，每年存储成一个文件，方便存档。

③ 地图模块。

地图的设计以简单实用为原则，重点突出显示震中位置、速报范围和速报震级。地图具有导航功能，可进行地图的平移、放大、缩小。同时可加载多个图层。基础图层分为 3 类：省行政边界图、县行政边界图、速报范围图。其他图层还包括震中位置图层和震级图例图层。

④ 信息聚合功能。

本系统能够把同一事件但不同类型的速报信息聚合在一起，存放在时间列表区中。把列表区中的每一个事件展开就能查看到该事件下面多种类型的速报信息和该信息详细的发布状态、发布历史。

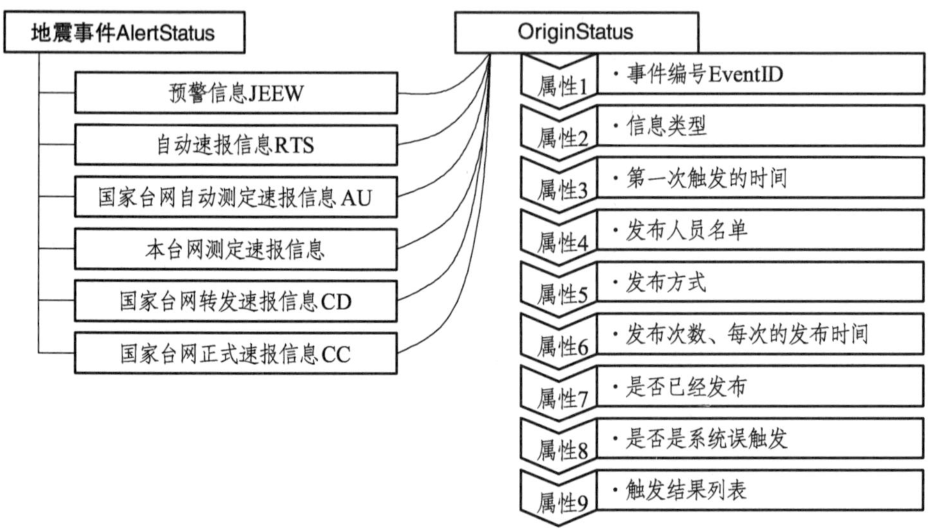

图 6-14　AlertStatus 和 OriginStatus 数据结构图

⑤ 发布模块。

本系统可通过 4 种方式对外发布速报信息：短信、传真、电子邮件和微博。可根据过滤策略和发布策略自由选择不同的发布方式。

其中，短信发布是本系统中最主要的发布方式，所以发布模块中集成了多种短信硬件的接口，包括短信 Modem，MAS 移动代理服务器、华为移动代理服务器和 EMO 移动代理服务器。

6.3.2.2　地震实时预警

地震实时预警能力，通过短信和 APP 推送地震告警信息。地震预警作为减轻灾害的重要途径，可以在一定程度上减免地震对人类社会造成的影响。地震预警方式可以分为两种：基于地震前兆观测的预警和基于强震观测的预警。前兆预警通过观测地应力、地变形、地磁预、大地电阻率和自然电位等的变化，预测地震的发生位置和时间，该类方法可提供数天至数月的预警时间，但是预测的准确性较低，历史上有成功预警的先例，也有因错误发布预测信息而造成社会恐慌的情况。相比之下，基于强震观测的地震预警在地震发生之后且影响范围扩大之前发出预警信号，具有高可靠性。如图6-15所示。

随着测震技术的发展，越来越多不同类型的地震速报信息被产出。这些信息类型覆盖了地震事件从触发到面波发育完成的整个时间窗。可以分为：事件触发后几秒到几十秒之间产出的地震预警信息（JEEW），一分钟到几分钟之间产出的自动速报信息（RTS），国家台网自动测定速报信息（AU），国家台网正式速报信息（CC）和震源机制解速报信息。不同的速报信息类型满足不同的需求，针对不同的对象。但这些不同类型速报信息分散在JOPENS的各个子系统中，不易于管理。

图6-15　移动端应用

根据地震信息的方式和地震速报的要求，预警模块还应具备以下功能：

（1）系统可以以短信、电子邮件、传真和微博的方式把速报信息发布给用户。

（2）系统可以管理用户的手机号码、电子邮件、传真号码等信息，并根据不同的发布要求对用户进行分组，每个分组可分别定制接收震级、接收信息的类型、接收范围。

（3）除了短信、传真、微博、邮件这些速报方式之外，还需要增加更多速报方式的接口，例如手机客户端或者专题网页等，使之不局限于文字的速报，要结合图片甚至动画的方式进行速报。

（4）系统利用MQ消息服务器实时接收预警模块和自动速报模块的地震速报信息，并且利用心跳消息保持长期在线。

地震预警原理示意图如图 6-16 所示。

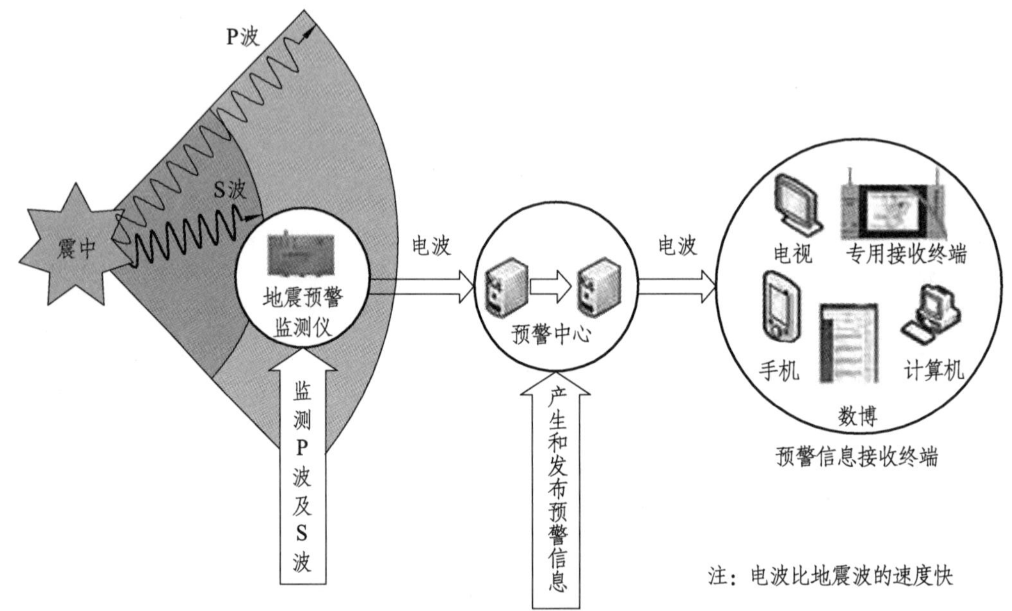

图 6-16　地震预警原理示意图

6.3.2.3　地震受灾影响评估

地震受灾影响评估能力，可对震源中心周边受影响站线、当前作业情况分布、重点管控线路等进行分析评估。

6.3.2.4　地震影响报告查询和下载

研究历史地震影响报告查询和下载方法，为方便用户随时随地可进行报告的查阅与分享，移动端提供报告的查询和下载，以及报告的分享功能。

移动端可根据地震影响范围、地震发生时间、地震等级、震源深度等多维度进行历史地震影响报告的查询，查询结果以文字、表格、图表等方式进行可视化展示。

对于历史地震影响报告查询结果，移动端根据用户的不同需求，提供 WORD 或 PDF 格式的报告的下载功能，同时提供下载进度提醒功能，当下载完成后，可对报告进行预览。

为加强用户使用体验，移动端对于下载到本地历史地震影响报告提供报告分享功能，可通过内网通信软件进行报告分享，让用户能够第一时间接收到地震影响报告。

6.3.2.5 地震应急报告自动生成

系统提供根据原先配置的地震应急报告模板，可“一键式”生成实时地震应急报告，从而提升用户的综合管理效率。

地震应急报告模板自定义功能：报告模板可以指导用户完成报告的创建以及自动生成操作，根据所需的报告类型，报告模板中将显示预定义的报告字段。通用报告模板的字段包括：报告类别、子类别、报告请求、报告标题、数据特性、输出形式。

类别：从“类别”下拉菜单中选择所需的类别。新创建的类别也显示在下拉菜单中。此字段用于确定保存的报告请求出现在分层结构视图中的位置。

子类别：“子类别”字段是可选的。从下拉菜单中选择所需的子类别。新创建的子类别也显示在下拉菜单中。

报告请求：提供报告请求的名称。此名称在报告请求中显示为标题。它也会出现在报告摘要和报告管理器的分层结构视图中。

报告标题：“报告标题”字段是可选的。此字段提供报告的说明，并在随后显示为标题。此说明显示在报告管理器的报告摘要中。在分层结构视图中选择报告名后，便会显示相应的报告摘要。

数据特性：选择要包含在报告的“数据特性”字段中的数据特性。单击“编辑”，从“选择数据特性”对话框中选择。性能报告模板或系统配置报告模板中显示的“选择数据特性”对话框具有一些差别。系统会自动为用户启动正确的对话框。只有当前记录在主机上的数据特性会返回数据。

输出模式：从“输出模式”下拉菜单中选择所需的报告格式。可用选项取决于所创建的报告请求类型。主要输入形式有图表、文字、表格等。

地震应急报告自动生成：根据提供的地震应急报告模板，将实时地震信息进行填充，从而可“一键式”自动生成报告。生成的报告主要为 WORD 或 PDF 格式。报告内容包含地震基本信息、电网受影响情况概述、生成作业情况变电、生成作业情况输电、变电设备清单、输电线路清单等。

地震基本信息：包括地震灾害发生的时间、发生地点、经纬度、地震等级以及震源深度等信息。

电网受影响情况概述：按变电、输电、配电分析受影响情况，统计各类受影响的项目、范围以及相应的数量，如变电站、重点管控设备、在线监测数据、变电作业情况、线路数量、重点管控线路、输电作业情况、配电线路支线、配电变压器、配网柱上开关等。

生产作业情况变电：分析受灾范围至少 20 km 的生产作业情况变电，显示受影响的供电局、工作地点、电压等级、离震中距离、计划状态、作业人员数量、工作内容、危险等级、工作班组、计划开始时间、计划结束时间等。

生产作业情况输电：分析受灾范围至少 20 km 的生产作业情况输电，显示受影响的供电局、工作地点、电压等级、离震中距离、计划状态、作业人员数量、工作内容、危险等级、工作班组、计划开始时间、计划结束时间等。

变电设备清单：分析震中一定范围内的变电设备清单，即范围至少 20 km 的变电站清单。内容包含供电局、变电站、电压等级、离震中距离、经纬度、投运日期、设计抗震烈度、是否保底变电站等。

输电线路清单：分析震中一定范围内的输电线路清单，即范围至少 20 km 的变电站清单。内容包含供电局、线路名称、电压等级、距离震中最近杆塔、离震中距离、最近杆塔经纬度、涉及杆塔、地震烈度、缺陷等级、缺陷描述等。

6.3.2.6 实时和历史地震分布进行可视化

图形可视化技术主要是对数据进行建模，并以图形方式呈现在用户面前，加上交互操作的技术，完成数据的进一步解释处理。其涉及的范围很广，主要有计算机视觉、计算机辅助设计和计算机图形学等，基本步骤是先对某个专业领域的数据进行科学计算，然后对计算结果按照相关专业知识进行分类处理，最后通过坐标变换、处理、投影、光栅化将图形化的数据显示在显示器上。

数据可视化选取何种算法绘制对图形质量影响很大。目前通常采用两类可视化算法：第 1 类算法是面绘制（Surfacc-based）技术，思路为通过构造物体的各个表面来表现物体。首先是构建物体三维模型，可以通过连接散乱点形成三角形、多边形等几何图形来得到物体的三维图形；然后使用图形渲染技术实现三维画面绘制。由于构建的中间几何图元只包含了部分属性信息的映射，数据量不够全面，因此绘制出来的图形不能完全反映数据场的全貌和所有细节。第 2 类算法称之为直接体绘制技术（Direct Volume Rendering, DVR），核心是体素（Voxel-based Rendering），其思路是假设物体由体素构成，在屏幕后发射光线，然后只需要记录光线最终到达二维屏幕上的值就能得到人眼中的三维图形，可以省去间接绘制所需的中间几何图形。其采用的方法是计算三维场景中的光照强度、物体不透明度这些因素对体素发出光线的影响，得到全部采样点对屏幕像素的贡献，这个过程叫作重采样和合成，是直接体绘制算法核心。因此，想要得到最终投射到屏幕上的颜色值，需要根据物理光学知识来分析采样点对光线吸收、发射过程，才能计算出光线的经过各个采样点后的颜色值，得到所需三维图形。其步骤是：

（1）数据预处理。获取数据的边界，选取固定间隔采样，建立起三维网格，然后将数据赋予三维空间坐标，如果对数据有特殊要求就要对其进行插值。

（2）重采样。当三维体数据是离散的数据，而绘制对象是连续时，在绘制前要将原始数据转化为连续的数据。

（3）映射。映射是将两个非空集合中的元素互相连接。在图形绘制中，一个非空集合是采样点的属性值，另一个集合是色彩值。两个集合的连接需要按照一定规则，即每个属性值与其指向的颜色形成函数对应关系，因此这就需要建立传递函数。通过传递函数使属性值和色彩值对应起来，可以更加清晰地区分出不同的物体，得到所需的信息。

（4）图形合成。在绘制过程中，当光线经过三维数据场内部所有点之后，颜色与不透明度将改变，因此需要根据先后顺序进行排列叠加，可以采用由前向后或由后向前这两种顺序，最后将合成图形显示出来。

绘制不需要构造中间几何图元，因此可以并行处理，效率较高；加之数据全面，因此能高质量地绘制图形，清晰地显示出物体内部的结构，适用于地震解释方面，在地震数据三维显示中被广泛使用。其缺点是算法复杂度高，并且需要的运算量远大于面绘制技术。

本书通过 GIS 地图的方式将实时地震按不同的等级进行高亮展示，同时根据震源不同，在地图上进行范围区分，用户可一目了然地知道该地震的影响范围，同时提供对历史地震情况的查询功能，便于用户将当前地震与历史地震进行对比分析，确认其影响范围以及为后续的应急救援提供指导。

6.3.3 系统部署

移动应用客户端硬件 CPU 应采用 2 核及以上的处理器，主频不低于 1 GHz。屏幕尺寸方面，尺寸在 3 ~ 4.7 英寸（1 英寸 = 2.54 cm）的，分辨率应不低于 480 × 800，屏幕颜色不低于 26 万色；尺寸在 4.7 ~ 7 英寸的，分辨率应不低于 1 280 × 720，屏幕颜色不低于 1 600 万色；尺寸在 7 英寸以上的，分辨率应不低于 1 280 × 800，屏幕颜色不低于 1 600 万色。

移动应用客户端 Android 终端软件环境推荐 6.0 以上操作系统，外网移动苹果终端软件环境推荐 11.0 以上操作系统。

移动应用平台自动择优进行 VPN 连接，实现全网络接入，平台同时支持主流的

Android 和 IOS 两大操作系统。

平台客户端使用深信服提供的 SDK 快速实现与深信服 SSLVPN 安全网关创建和销毁 VPN 加密隧道，完成 VPN 认证登录和细粒度授权控制。程序启动后，程序自动进行 VPN 连接。

6.3.4 非功能设计

6.3.4.1 性能设计

随着手机使用量的增加，手机性能的重要性也日益显著。手机用户对性能期望非常高，本应用性能的优化主要体现在以下几点：

（1）减少 HTTP 请求数目。

（2）采用 lazyLoad。

（3）缓存一切可缓存的资源。

（4）压缩或尽量减少界面资源。

（5）根据屏幕尺寸裁剪图像。

6.3.4.2 易用性设计

让每个用户都方便地使用系统是系统设计的最重要目标之一。一个优秀的系统易用性决定它的普及率和应用推广价值。系统建设将结合公司业务管理和信息化现状，应用功能应符合电力行业的专业习惯，体现成果个性化需求，确保系统功能的实用性。系统设计过程中重视和提高系统可理解性、易学性和易操作性。

6.3.4.3 可靠性设计

系统应用在设计过程将采用国内外先进、成熟的软件体系架构和设计思想，在容错性、易恢复性方面进行重点设计，确保在系统的运行过程中能够尽可能地避免各种故障。本应用可靠性遵循以下准则：

（1）故障应在第一时间被检测和感知。

（2）能避免的故障都不应该发生。

（3）不可避免或无法预测的故障，需进行容错。

（4）已发生故障，需在最短时间内得到恢复。

（5）对象状态和生命期都应该是完备的，闭合的。

（6）资源必须合理和均衡地使用。

6.3.4.4 安全性设计

系统中的部分数据属于企业机密或绝密数据。在系统建设过程中，将充分考虑数据安全性和应用安全性，杜绝各种数据安全隐患，防止功能和服务方式的数据泄密。应用安全性设计上重点考虑的内容如下：

（1）确保不存在高、中风险漏洞。

（2）防止越权使用、非法访问、数据泄密等信息安全事故。

（3）安全威胁参数优化调整防止系统信息泄漏。

（4）通过代码混淆来防止反编译。

（5）对敏感数据进行加密，不进行明文传输。

（6）为 APP 提供运行时防调试能力，防止攻击者通过调试来动态分析 APP 的逻辑。

（7）防止应用程序中的代码及资源文件被恶意篡改，杜绝盗版或植入广告等二次打包行为。

第7章

变电站设备抗震措施示例

7.1 支柱式电容器塔地震响应技术

作为特高压变电站的常规设备，电容器组用于补偿电力系统的无功功率，是变电站的重要组成部分。电容器组通常由支柱绝缘子支撑，支承结构强度较低，且设备重心高、质量大，具有较高的地震易损性。其一旦在地震中破坏，将造成特高压变电站整体功能失效。

7.1.1 电容器塔参数及模态分析

7.1.1.1 结构简介

研究对象电容器塔为多层支柱绝缘子支承式结构，定义两水平方向为 X、Y 向，竖向为 Z 向。电容器塔总高 12.23 m，底层跨度 4.05 m，总重 24.2 t。结构可分为底部 8 支绝缘子，每个底脚各 2 支；中间 1～12 层安放电容模块，且各层层间设置 4 支层间绝缘子；顶部 4 支母线支承绝缘子。各层模块质量分布在 960～1 220 kg。绝缘子均为陶瓷材料实心绝缘子，弹性模量 110 GPa，其中破坏应力根据绝缘子额定弯曲负荷换算得来。

7.1.1.2 有限元模型

采用通用有限元软件 ABAQUS 建立了电容器塔有限元模型进行初步计算分析。主要构件包括各层绝缘子、层间钢支架角钢构件均采用 B310S 梁单元进行模拟。由于电容器塔底层绝缘子与底部钢梁以及基础之间并非直接连接，而是通过调节板、过渡板等部件连接，仅采用梁单元难以模拟底层实际刚度，因此采用实体单元模拟底部钢梁、底层支柱绝缘子。各绝缘子两端根据设计文件实际尺寸划分出瓷套管与法兰胶装段，法兰胶装段刚度按照电力设施抗震规范推荐公式（7-1）进行计算。

$$K_c = \frac{6.54 \times 10^7 \times d_c h_c^2}{t_e} \tag{7-1}$$

式中，K_c为法兰段弯曲刚度，N·m/rad；d_c为陶瓷绝缘子胶装部位外径，m；h_c为陶瓷套管与法兰胶装高度，m；t_e为法兰与陶瓷套管之间的间隙距离，m。

对于占电容器塔主要质量的电容器模块而言，其刚度大，自身在地震作用下的运动基本与连接的钢支架保持一致，可视为刚体运动，弹性变形忽略不计，仅考虑其惯性力作用。故在有限元模型中采用附加集中质量的刚体单元模拟电容器模块。对电容器塔有限元模型进行特征值计算获取模态特性，前三阶模态特性见表 7-1，对应振型见图 7-1。

表 7-1　前三阶模态特性

模态阶数	模态频率/Hz	模态振型	振型对应自由度方向参与质量系数
1	1.369	*X* 向平动	0.954
2	1.672	*Y* 向平动	0.967
3	3.13	绕 *Z* 轴扭转	0.919

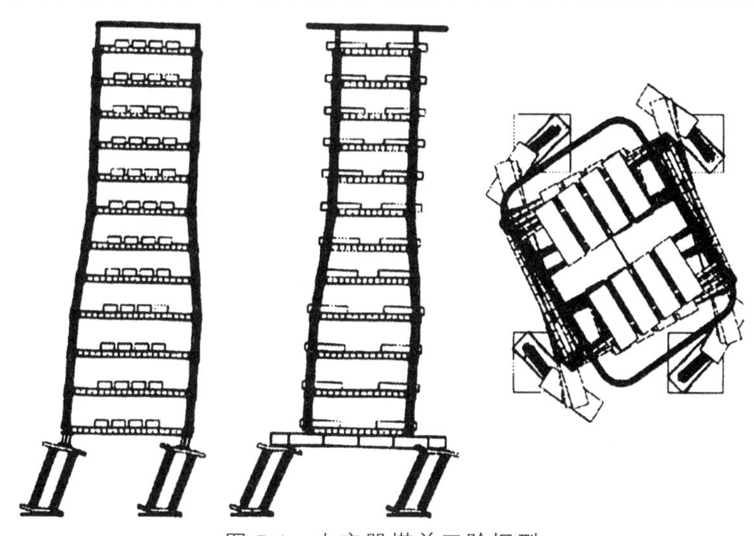

图 7-1　电容器塔前三阶振型

7.1.1.3　模态分析

振型表明前两阶振型为 *X* 向以及 *Y* 向的平动，第三阶为扭转，符合典型层间剪切结构的特征。表 7-1 中前两阶振型在 X 向以及 Y 向上的振型参与质量系数分别为 0.954 以及 0.967，说明结构在地震作用下在两个水平方向上的反应基本以各方向上的第一振型为主。模型采用瑞利阻尼假定，材料阻尼常数按照既有算例取值后，根据前两阶模态频率反算阻尼比为 1.4%，满足规范抗震计算时阻尼比取值小于 2.0%的规定。因此，模型电容器塔在 X、Y 两个方向上平动振型的阻尼比均为 1.4%。从结构布置角度而言，对象电容器塔的结构布置规则，仅有小部分质量分布不为轴对称，结构质心与刚心基本重合。另外，根据模态计算结果，前三阶振型在 X、Y 两水平方向上的振型参与系数分别为 1.224、－0.011；0.011、1.209；－0.001、－0.013。在两个方向上的差距均至少超过一个数量级。根据建筑结构抗震规范，可初步认为扭转效应可以忽略。在后续地震响应分析中将进一步分析扭转效应的影响。

7.1.2 电容器塔地震响应分析

7.1.2.1 地震波选取

在地震反应分析中，首先选择某高烈度地震区+800 kV 特高压换流站场地安评报告中推荐的新松人工波作为输入，重点分析对象电容器塔的响应基本特点。地震动输入为水平双向输入，以 X 方向为主振方向，X、Y 方向峰值比为 1∶0.85。考虑抗震设防烈度为 8 度的高地震烈度区，且根据电气设施抗震规范，对重要电气设备应在此基础上提高一度设防。因此，主振方向地震动加速度输入峰值定为 0.4g。

在人工波输入下分析电容器塔地震响应规律，而后选择各类场地下的天然或天然基础上人工修正的地震动进行进一步分析及验算，选择输入包括：Northridge 波（Ⅱ类）、El-Centro 波（Ⅱ类）、Chichi 波（Ⅲ类）、Kobe 波（Ⅳ类）、Tianjin 波（Ⅳ类）、Landers 波（Ⅳ类）。

7.1.2.2 地震响应规律分析

在 0.4g 峰值新松人工波双向水平输入下，对电容器塔模型进行弹性条件下的动力时程计算，分析其结构响应特性。通过模态分析初步判断电容器塔为层间剪切结构模型。进一步地，考察结构在地震作用下的位移响应。电容器塔各层水平双向绝缘子的最大位移以及平均位移响应见表 7-2。从表 7-2 可知，各层位移的最大值与平均值之比在双向上均未超过 1.01。在建筑抗震规范中，对于扭转不规则的判定条件为比值大于 1.2。可见电容器塔在地震下的扭转效应不明显。

表 7-2　容器位移响应

层数	X 向位移			Y 向位移		
	最大值/mm	平均值/mm	比值	最大值/mm	平均值/mm	比值
1	98.5	97.9	1.006	130.7	129.4	1.010
2	108.8	107.9	1.008	141.9	140.5	1.010
3	117.6	116.9	1.006	153.2	151.7	1.010
4	125.0	124.4	1.005	162.4	161.0	1.009
5	130.9	130.3	1.005	169.6	168.2	1.008
6	136.4	135.8	1.004	176.1	174.9	1.007
7	141.1	140.5	1.004	181.5	180.2	1.007
8	145.3	144.6	1.005	186.2	184.9	1.007
9	149.1	148.4	1.005	190.4	189.1	1.007
10	152.5	151.8	1.005	193.9	192.6	1.007
11	155.6	154.9	1.005	197.0	195.7	1.007
12	157.8	157.1	1.004	199.0	197.7	1.007

7.1.2.3　双向地震耦合效应分析

虽然支柱式电容器属于典型的剪切变形且扭转效应可忽略，但由于底部绝缘子抗侧刚度远小于上部的电容模块层，因此振型并不近似为直线，抗震计算中的底部剪力法不再适用。由于在地震作用下电容器塔以一阶振型响应为主，因此首先不考虑与更高阶振型效应的组合，直接按照下式计算质点模型在 X、Y 向上一阶振型响应下各质点的地震作用，据此计算位移、绝缘子应力的关键响应，并与时程分析法进行对比。

$$F_{i\max} = \alpha\gamma A_i G_i \tag{7-2}$$

式中，$F_{i\max}$ 为第 i 个质点 X 或 Y 向最大地震作用；α为 X 或 Y 向一阶振型对应地震影响系数；γ为 X 或 Y 向一阶振型参与系数；A_i 为第 i 质点在 X 或 Y 向一阶振型中幅值；G_i 为第 i 质点重力。

在对电容器塔进行抗震计算时可以不进行扭转耦联计算，只分别对两水平方向进行单向的地震响应计算，并乘以一个放大系数。

7.2 变电站穿墙套管抗震加固技术

我国电力系统正朝着特高压、远距离传输发展，形成了大范围的特高压输电网络。换流站／变电站分布越发分散，不少站址位于离水电站较近的山岭地区，处于高地震烈度带。然而在历次地震记载中，电力设备均表现出了极高的地震易损性，特别是套管类设备，非常容易被地震损坏甚至损毁，从而导致电网灾害。1995 年日本神户地震中，由于变压器套管的损坏，引发了涉及约 100 万的用户停电事故。而在国内，近年来陆续发生的汶川大地震、云南昭通、彝良等地震中，变电站中电气设备也受损严重，套管设备主要震害表现为本体及法兰等连接部位的损坏。由此可见，地震灾害已成为威胁电力系统安全运行的重要因素。高地震烈度地区的特高压直流系统的设计建设过程中，设备的抗震性能引起了高度关注。特别是随着电压等级以及站址海拔的提高，设备空间尺寸的增大，需要对其抗震性能提出更高的要求。

滇西北至广东特高压直流输电工程送端换流站位于云南大理剑川县新松村，海拔 2 350 m，属高地震烈度地区，按 9 度设防。这是世界上第一个海拔在 2 300 m 以上、地震烈度按 9 度设防的特高压直流换流站。研究开发同时满足高海拔、高地震烈度的特高压直流主设备是本工程需要解决的世界性难题，同时其设备具有尺寸大、重心高、重量大的特点，满足技术经济要求的良好抗震设计是关键。其中，直流穿墙套管作为连接阀厅与外部直流场的关键设备，在整个特高压直流系统中发挥着重要作用。穿墙套管自重可达 10 t，一般安装在阀厅的钢结构框架上，然而典型的长悬臂结构形式对抗震极为不利，同时阀厅框架对于地震作用的过滤和放大作用也会进一步增加穿墙套管的地震易损性。穿墙套管端部一般使用导线和其他设备相连，若在地震中穿墙套管端部出现较大的位移，还有可能造成导线的拉拽致使设备破坏。因此，特高压直流穿墙套管是否能满足高地震烈度抗震设防的需求，是换流站在选址和抗震设计时需要考虑的重要问题。可以选用变压器套管、GIS 套管、断路器、开关等抗震设备提高抗震性能。

7.2.1 法兰加劲肋的影响

法兰加劲肋的设计是法兰设计过程中的必要过程。在某些型号的穿墙套管中，法兰加劲肋的合理设置可以降低地震下结构破坏的风险。为研究穿墙套管的法兰加劲肋对抗震性能的影响，将法兰加劲肋剔除后计算穿墙套管地震响应，并提取响应结果与带有加劲肋的模型结果对比，所提取 7 组地震波的结果均值见表 7-3。

表 7-3 不同法兰穿墙套管顶部加速度和相对位移响应

方向	加劲肋	加速度峰值/(m/s^2)		相对位移峰值/mm	
		内	外	内	外
X	无	17.98	17.41	63.06	61.77
	有	18.21	17.12	63.37	60.39
Y	无	7.56	7.52	4.02	4.01
	有	5.97	6.00	3.98	3.84
Z	无	11.35	10.80	80.53	79.64
	有	11.33	10.63	79.47	78.08

由表 7-3 可知，对于加速度峰值：法兰加劲肋的设置对 *X* 向和 *Z* 向的加速度峰值变化影响不大，而对 *Y* 向加速度峰值有一定降低作用，其中内侧段和外侧段顶部分别降低 21.0%、20.2%，这是由于加劲肋的设置使得法兰段在轴向的刚度增加，降低了加速度的放大效果。从相对位移来看，加劲肋的增加对相对位移的影响不大。从应力角度考虑，提取 2 种法兰下穿墙套管关键位置的应力峰值，包括内外套管根部、法兰根部以及安装板，见表 7-4。根据表 7-4 计算增加加劲肋后穿墙套管不同位置的应力峰值降低比例，绘制图如图 7-2 所示。

表 7-4 不同法兰下穿墙套管应力响应

加劲肋	套管根部		法兰根部		安装板	
	内	外	内	外	内	外
无	23.17	22.62	12.39	13.12	19.41	19.88
有	23.29	22.43	8.46	9.69	15.21	11.99

由表 7-4 和图 7-2 可知，加劲肋的增加对穿墙套管根部的应力改善不大。这是由于法兰与电容心子的固定连接使得法兰本身具有较大的刚度，加劲肋的布置相对原始刚度来说提高的幅度较小，因此对穿墙套管套筒部分的应力影响较小。加劲肋的设置可以明显降低安装板和法兰根部的应力，究其原理，一方面加劲肋的存在可以抑制法兰筒的变形，并承担一定的受力以降低法兰筒的应力；另一方面加劲肋的存在对法兰

圆板的面外刚度有较大提高，间接地提高了安装板的面外刚度，从而降低了安装板的应力响应。内侧法兰圆板直径比外侧更大，导致对安装板的限制范围更大，因此内侧安装板的应力降低更大，也说明了加劲肋对安装板的间接刚度的提高作用。

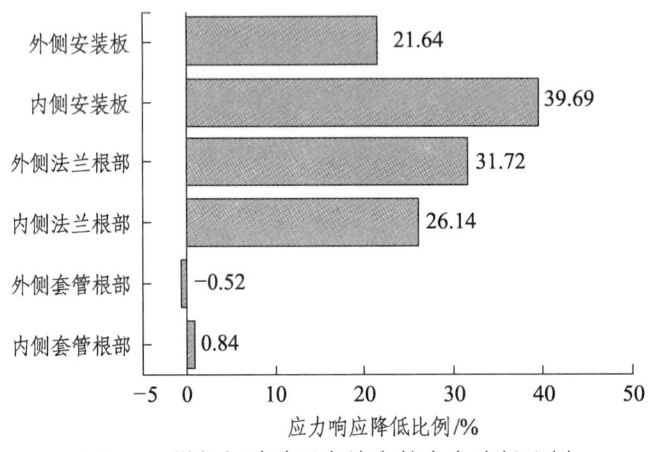

图 7-2　增加加劲肋后穿墙套管应力降低比例

7.2.2　安装板厚度的影响

在谱放大系数的研究中，安装板的面外变形对于穿墙套管 Y 向谱放大系数有一定影响，为此研究安装板厚度的变化对穿墙套管地震响应的影响。将安装板的厚度分别设为 20 ~ 80 mm，计算 7 组地震波下穿墙套管的地震响应。统计穿墙套管不同位置的加速度峰值均值和应力响应均值，见图 7-3、图 7-4。

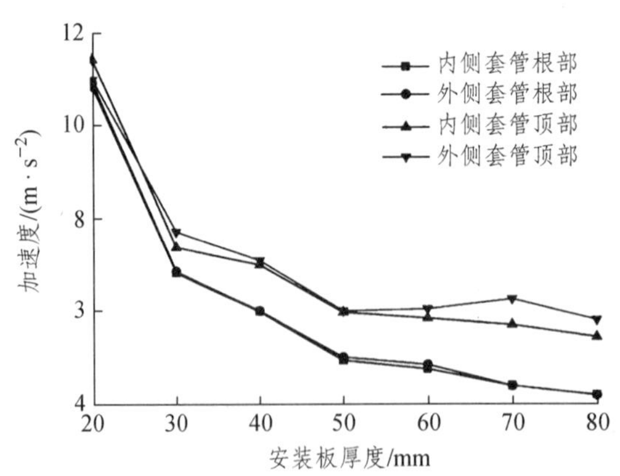

图 7-3　不同安装板厚度的穿墙套管 Y 向加速度峰值

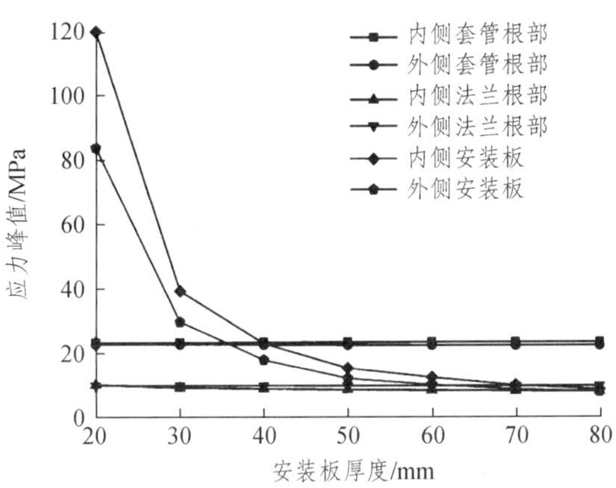

图 7-4 不同安装板厚度的穿墙套管应力峰值

对于加速度响应，安装板的厚度改变对 X 向和 Z 向影响不大，对于 Y 向影响较大。由图 7-3 可知，随着安装板厚度增加，安装板面外刚度提高，因此内外侧套管根部、顶部的 Y 向加速度峰值显著降低。当安装板厚度高于 50 mm 后，加速度峰值降低幅度相对 50 mm 厚度内更为平缓。对于应力响应峰值，由图 7-4 可知，安装板的厚度增加对套管和法兰的应力峰值影响不大，但是对安装板自身的应力分布影响较大。安装板应力峰值变化趋势与加速度类似，在 50 mm 以下时应力降低幅度较大，50 mm 以上板厚时应力降低幅度相对缓慢。

7.3 变电站平面型支柱类设备水平正交双向阻尼器减震技术

如图 7-7 所示是一种基于变电站平面型支柱类设备的阻尼器减震系统，包括两根支架立柱，两根支架立柱顶部固定有同一横向支架，该横向支架上安装有多根支柱式设备；两根支架立柱底部相对设置转向定滑轮，顶部内侧分别相对挂设有内阻尼器拉索，两根内阻尼器拉索分别绕过其对向支架立柱底部设置的转向定滑轮后连接在同一平面内阻尼器两侧；横向支架中部相互垂直固定连接有条形附加支架，条形附加支架两端分别挂设有外阻尼器拉索，两根外阻尼器拉索连接同一平面外阻尼器两侧，平面外阻尼器悬挂于平面内阻尼器正上方。通过在水平正交两个方向上增加阻尼器，实现多方位减震效应，有效提升变电站平面型支柱类设备的抗震性能。

如图 7-5 和图 7-6 所示，一种基于变电站平面型支柱类设备的阻尼器减震系统，包括两根相对设置的支架立柱 1，两根所述支架立柱 1 顶部固定支承有同一横向支架 2，该横向支架 2 上沿其延伸方向安装有多根支柱式设备 3；两根所述支架立柱 1 底部相对设置转向定滑轮 4，两根所述支架立柱 1 顶部内侧分别相对挂设有内阻尼器拉索 5，两根所述内阻尼器拉索 5 分别绕过其对向支架立柱 1 底部设置的所述转向定滑轮 4 后连接在同一平面内阻尼器 6 两侧。

如图 7-7 所示，所述横向支架 2 中部固定连接有条形附加支架 7。该条形附加支架 7 与所述横向支架 2 垂直设置，所述横向支架 2 与所述条形附加支架 7 呈轴对称布置；所述条形附加支架 7 两端分别挂设有外阻尼器拉索 8，两根所述外阻尼器拉索 8 底部分别连接在同一平面外阻尼器 9 两侧，所述平面外阻尼器 9 悬挂于所述平面内阻尼器 6 正上方，所述平面内阻尼器 6 固定安装在所述支架立柱 1 的平面上，所述平面外阻尼器 9 底部与所述平面内阻尼器 6 顶部固定连接。

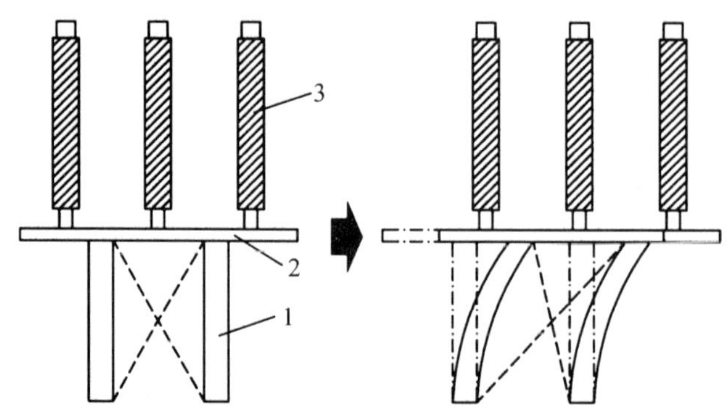

图 7-5　变电站平面型支柱类设备形变状态演示图

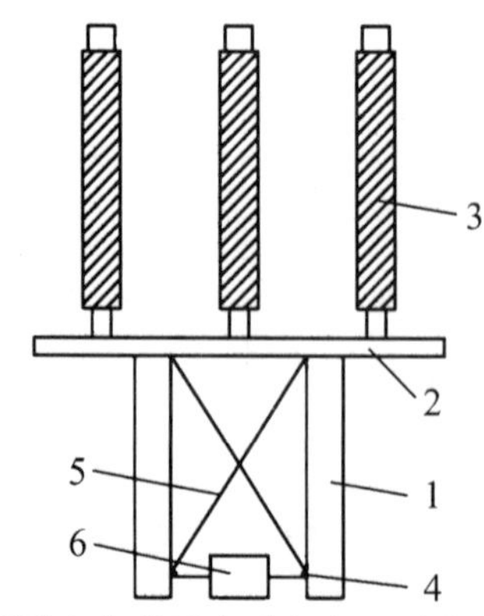

图 7-6　变电站平面型支柱类设备装设平面内阻尼器 6 的结构简示图

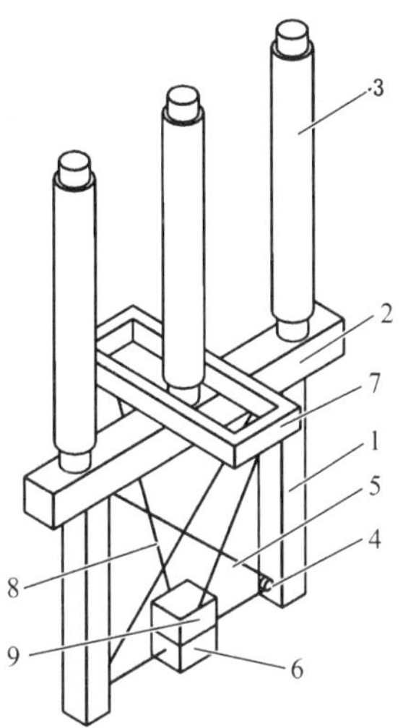

图 7-7 变电站平面型支柱类设备同时装设平面内阻尼器 6 和平面外阻尼器 9 的结构简图

7.4 具有各向抗弯能力的电气设备减震技术

7.4.1 抗震理论与现状

1971 年 Edison 公司通过对 San Fernando 震害进行全面的调查，又通过一系列试验研究了变电站电气设备的抗震性能,建立了电气设备多自由度弹性体系的力学模型，利用动力学理论对设备的抗震性能进行分析，提高了设备抗震性能分析水平。上述模型将电气设备与法兰与套管（瓷柱）之间的胶装连接视为刚性连接，但实际上该连接部位是由法兰和套管（瓷柱）通过胶装材料黏结而成，不同材料之间存在变形不协调。随着研究的深入，研究人员发现刚性节点的力学模型与试验结果存在偏差。日本针对电气设备法兰连接部位的弯曲刚度试验结果表明，法兰连接部位抗弯刚度的变化，将引起连接部位和连接部位以上的整个体系固有频率的变化，因此研究人员指出，建立电气设备力学模型时，法兰连接处抗弯刚度的确定非常重要，并于 1980 年首次提出了建立电气设备力学模型时将法兰作为柔性节点的处理方法，用抗弯刚度表示其特征，并给出了抗弯刚度计算公式。在对单体设备力学模型进行研究的基础上，国外许多学者开始对软导线连接电气设备的地震耦合效应进行了研究，分析了软导线刚度、连接金具阻尼等对互连设备抗震性能的影响。

国内对于电瓷型电气设备抗震理论研究方面，1989 年张其浩等提出具有柔性节点的多质点体系的动力计算模型，将电气设备的法兰连接作为弹性连接处理，计入法兰的弯曲刚度，计算结果与实测结果吻合较好。1999 年张伯艳等以沈阳高压开关厂 550 kV 高压开关为研究对象，给出该设备在静力和地震作用下瓷柱根部处的应力，并分析该产品的抗震安全性。2001 年刘晓明等利用振型分解反应谱法计算分析了 220 kV 高压 SF_6 电流互感器的抗震性能，建议对设备头部进行优化设计，并提高瓷套管的抗弯强度和底座的刚度。2009 年杜永峰等研究了并联橡胶隔震支座对高架电气设备的隔震效果，并针对串联高架电气设备支架隔震体系，应用分布参数梁振动理论，推导了求解地震响应的半解析方法。结果表明，利用半解析方法求解的地震响应与有限元数值积分法计算结果基本一致。作者还应用 Hamilton 原理推导出串联电气设备支架隔震体系等效振型阻尼比，计算结果与利用有限元数值积分法计算结果基本一致。

2013 年至今，中国电科院针对高压与特高压电气设备开展了一系列的理论研究，建立了瓷支柱类电气设备多质点半刚性节点计算模型和变压器类设备简化多质点计算模型及其运动方程，建立了考虑连接导线特征的互连设备力学模型，提出了瓷支柱电气设备的减震方案和变压器基底隔震方案，开展了基于非线性理论的瓷支柱电气设备抗震性能研究，揭示了法兰胶装部位的非线性结构参数、地震动峰值加速度及减震装置参数对瓷支柱电气设备地震响应规律的影响，揭示了地震作用下减震装置的减震机理，并进行了振动台试验验证。研究成果有力促进了电气设备抗震设计水平的提升。

7.4.2 抗震设计要求和规范对比

由于不同地震波具有不同的频谱特性，导致同一设备在不同地震波作用下的反应不同，甚至相差很大。因此，在电气设备抗震设计时，选择合理的地震动输入是保证抗震分析结果准确性和可靠性的前提。目前，很多国家都给出了相应的设计规范和手册，来指导电气设备的抗震设计，并提高其抗震性能。

IEEE Std 693 定义了高、中、低 3 个基本抗震设防水平，其加速度峰值分别为 0.05g、0.25g 和 0.5g。每种设防水平下分别给出了 2%、5%和 10%阻尼比工况下的地震加速度反应谱曲线，各反应谱的卓越频率范围为 1.1 ~ 8 Hz，频率超过 33 Hz 之后的反应谱加速度将视为零周期加速度，反应谱综合考虑了不同地震动的频谱特性、震级、距离和场地等条件，具有广泛的代表性。该规范规定，只有当设备通过与相应设防等级要求的反应谱相符的地震动时程时，其抗震性能才能满足相应等级抗震水平。另外，为满足客户更高要求，规范还定义了高、中 2 个抗震性能水平，反应谱值为相应 RRS 的 2 倍，加速度峰值分别为 1.0g 和 0.5g。

中国电力科学研究院和中国地震灾害防御中心在针对特高压电气设备进行动力特性调研的基础上，通过对大量强震记录的频谱特性进行分析，提出了适用于高压电气设备抗震评估和试验用的标准反应谱。该反应谱的特征周期为 0.9 s，地震动力放大系数为 2.5，可适用于较广泛电压等级和多种材料的电气设备抗震试验和评估，具有较广泛的场地包络性。与反应谱对应的地震影响系数曲线如图 7-8 所示，各段曲线的计算公式如下：

$$\alpha=\begin{cases}0.4\alpha_{\max} & 0\leqslant T<0.03\\ \left[0.4+\dfrac{\eta_2-0.4}{0.07}(T-0.03)\alpha_{\max}\right] & 0.03\leqslant T<0.1\\ \eta_2\alpha_{\max} & (0.1\leqslant T<0.9)\\ \left(\dfrac{0.9}{T}\right)^{\gamma}\eta^2\alpha_{\max} & (0.9\leqslant T<4.5)\\ [\eta_2 0.2^{\gamma}-\eta_1(T-4.5)]\alpha_{\max} & (4.5\leqslant T<6.0)\end{cases} \tag{7-3}$$

$$\left.\begin{aligned}\gamma&=0.9+\frac{0.05-\xi}{0.3+6\xi}\\ \eta_1&=0.02+\frac{0.05-\xi}{4+32\xi}\\ \eta_2&=1+\frac{0.05-\xi}{0.08+1.6\xi}\end{aligned}\right\} \tag{7-4}$$

式中，α为水平地震影响系数；$\alpha_{\max}$ 为水平地震影响系数最大值；T 为结构自振周期，s；γ为曲线下降段的衰减指数；ξ 为结构阻尼比；η_1 为直线下降段的下降斜率调整系数，当计算值 $\eta_1<0$ 时，η_1 应取为 0；η_2 为阻尼调整系数，当计算值 $\eta_2<0.55$ 时，η_2 应取为 0.55。

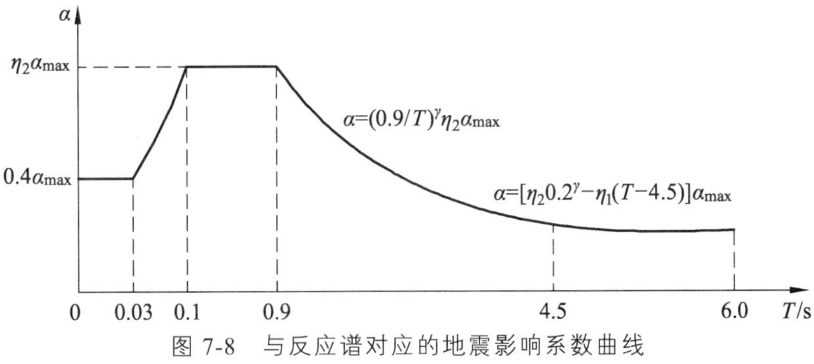

图 7-8 与反应谱对应的地震影响系数曲线

7.4.3 减、隔震技术现状

电气设备由于其特殊的结构形式，在地震高烈度区，单纯依靠硬抗往往不能满足抗震设防要求，这就需要采取相应的减震或隔震技术，来降低设备的地震响应。减震技术通过内部的耗能构件消耗地震能量来达到保护设备的目的，隔震技术通过改变设备的频率，使其与可能引起破坏的地震动频率分离，从而阻断地震能量的传播，减小设备的地震响应。

1988 年新西兰对位于哈特谷的海沃兹 HVDC 变电站的交流滤波电容器组采用橡胶支座和滞变钢阻尼器的基底隔震方法进行抗震加固。德国西门子研发了由黏滞耗能的阻尼器和弹簧构成的减震器。日本东芝研发了由仅受压耗能的摩擦弹片构成的减震器，在设备法兰底板上下双层布置。

上述减隔震技术有效提高了电气设备的抗震性能，但存在如下缺点待解决：① 作为承力构件，长期受压致承载力降低；② 降低了连接刚度，易产生风致疲劳；液压油易泄漏（西门子）；③ 耐久性差。

针对变电站支柱类电气设备减震技术难题，中国电科院研发了兼具连接与耗能双重功能的减震器，减震装置替代螺栓连接设备与支架，地震时减震装置外套与中心轴上下错动，内部铅合金发生剪切变形，耗散地震能量，达到减震目的。减震器的耗能构件采用高性能阻尼材料，基于强度、冲击力、耐腐蚀等多目标优化函数，通过减震材料的盐雾腐蚀和机械力学性能等试验，提出了铝-铅质量比为 0.05%的较优减震材料配比，提升了减震材料的耐久性。发明了置于设备与支架之间的支承机构，用于承担全部竖向静载荷，降低了减震器静应力水平；改变了地震作用下的传力路径，使减震器产生拉压恢复力，实现滞回耗能最大化。如图 7-9 所示为减震装置照片及安装示意。

针对变电站主变类设备隔震技术难题，中国电科院发明了一种具有限位和检修功能的隔震装置，经试验验证，隔震效率 50%以上，提高了地震高烈度区主变类电气设备的抗震水平。针对变压器类设备和二次平柜设备，研制了非线性 SD 振子隔震装置，并开展了地震模拟振动台试验。结果表明，非线性隔震装置的隔震频率在 0.7 Hz 左右，试验结果与仿真结果吻合较好。经二次屏柜的试验验证，隔震效率 55%以上。如图 7-10 所示为 SD 振子非线性隔震装置在变压器上的安装示意。

图 7-9 中国电科院研发的减震装置

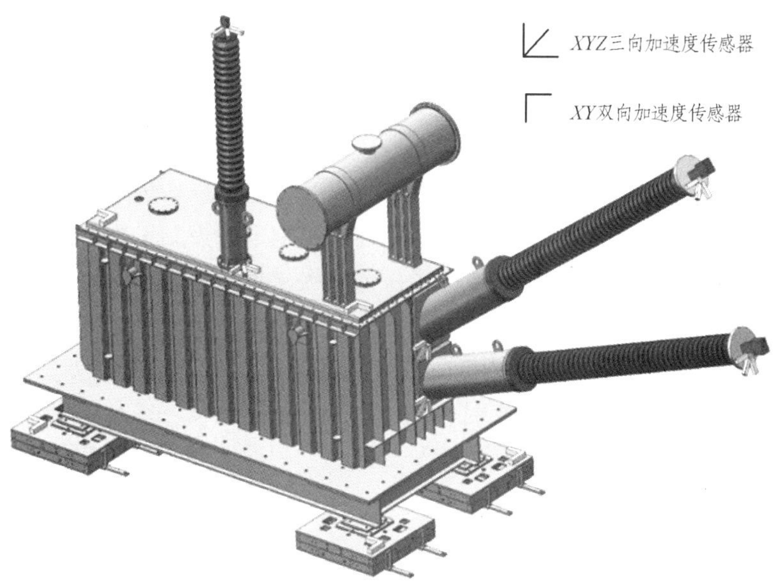

图 7-10 SD 振子非线性隔震装置在变压器上的安装示意

7.4.4 抗震评估现状

对于电气设备抗震性能的安全性评价标准，目前规范大都采用基于容许应力或破坏应力为基准的安全系数评价标准。IEEE Std 693 规定，采用允许应力设计时，对于无明显屈服点的材料，设备在地震作用下的最大应力不应超过破坏应力的 50%，对于有明显屈服点的材料，最大应力不应超过屈服应力的 80%。

JEAG 5003 认为试验过程中求得的各部件最大应力值如果在各部件的容许应力以下，则可以确定此部件可以满足抗震要求，并且可以认为输入规定的设计地震力后，其机能不会有异常现象发生。

GB/T 13540—2009 规定机械和电气设备以及支撑构架的抗震验证应在许用应力的基础上完成，对于具有屈服点的材料制成的元件的总应力不应超过该材料屈服强度的 90%。对于套管，总应力不超过材料破坏应力的 50%。对于设备或支承构架中的焊接结构，总应力不应超过屈服强度的 100%。

GB 50260—2013 规定，电气设施的结构抗震强度验算，应保证设备和装置的根部或其他危险断面处产生的应力值小于设备或材料的容许应力值，当采用破坏应力或破坏弯矩进行验算时，对于瓷套管和瓷绝缘子应满足 1.67 倍安全系数的要求。

7.5 典型瓷套式设备抗震措施研究

在对各类电气设备详细研究的基础上，2011 年 3 月我国正式颁布了《电力设施抗震设计规范》(GB 50260—2010)，对抗震设防烈度 6 ~ 9 度区的新建和扩建的常规安装的电力设施的抗震设计进行了规定，使新建和扩建电力设施的设计有章可循，为减轻电力设备地震破坏、减少电力系统的经济损失提供依据。然而，从文献资料看，从 20 世纪 80 年代后期一直到目前为止，电气设备抗震的研究较少。2014 年，有学者对采用滑移型管母线连接的 1 000 kV 特高压避雷器和互感器进行了振动台试验，其结果表明：可采用在单体设备顶端施加配重的方式来等效简化耦联结构。再者，以前的抗震研究基本是针对单体设备，对于整站乃至整个电网的抗震性能评估亟待研究，以期实现电网地震灾害下的快速预警和响应。南方电网有许多变电站/换流站位于高地震烈度区域，近年来，南方电网公司针对变电设备的抗震性能开展了许多研究。对换流变压器套管、穿墙套管、支柱设备耦联体系等进行了振动台试验，获得了设备的地震响应特征与抗震薄弱位置。

1971 年 2 月美国 San Fernando 地震、1989 年 Loma Prieta 地震以及 1994 年 Northridge 地震，都对美国的电力系统造成了较严重的破坏。2003 年春开始，美国生命线工程联合会（ALA）设立了一个“电力系统抗震安全和可靠性”专门委员会，委托加州大学伯克利分校的太平洋地震工程研究中心（PEER）对电气设备的抗震进行了非常系统的研究。该研究对变电站的各个组成设备进行了大量详细的建模分析以及试验研究。试验研究包括伪静力试验和模拟地震振动台试验两个主要部分。研究分析的成果计划写入 IEEE 693 标准（变电站的抗震设计）。主要包括：试验用地震输入波形；变压器绝缘套管地震响应；230 kV 开关器的性能；500 kV 变压器绝缘套管地震响应等等。这些研究解决了变电站设计中的很多具体问题，如：连接设备之间的相互作用；开关器的抗震性能；变压器抗震设计分析的地震输入问题。研究中对一些设备从提高抗震性能的角度进行了改进。研究分析表明：采取了相关措施以后，变电站设备的抗震安全性能和可靠性得到了大幅度的提高。

7.5.1 变电站设备抗震设计研究

支柱类设备是一类重要的变电站设备，其主要的设计是进行变电站电力控制，因此其结构上的形态也多是按照电力要求确定的，这就导致了该类设备在结构上的不合理，进而在地震中更容易损坏。以往的研究主要集中在以下几个方面：结构自身动力特性，如基频、阻尼比等；瓷瓶根部与支架的连接及支架放大系数；有限元模型建立及理论计算模型建立；支柱类设备的减震控制。由于早期的变电站用支柱绝缘子大多是陶瓷材料，因此支柱类设备又称为“电瓷型高压电气设备”，另外由于其结构特点，瓷套管根部极易断裂，因此在地震中的易损性极高，也成为变电站失效的主要因素。在我国唐山地震中，断路器的损坏率最高达到 58%，隔离开关的损坏率最高达到 30%，避雷器最高达到了 66%；在美国 Northridge 地震中，某一变电站在地震加速度峰值达到 0.38*g* 时，一些电气设备的损坏率就已达到或超过 50%。因此，支柱类设备研究是变电站设备抗震研究的一个非常重要的部分。我国的变电站设备震害信息并不十分系统，但是从唐山大地震、台湾集集地震以及汶川地震等地震中也及时得到了详尽的震害信息，并基于此进行了大量设备抗震研究。

1976 年的唐山大地震给我国经济和人民带来了极大的打击，电力设施摧毁严重。从那以后，国内研究人员大力开展电气设备的抗震实验并取得了显著的成果。20 世纪 80 年代末期由国家地震局工程力学研究所、中国水利电力部西北电力设计院、沈阳开关厂以及华北电力设计院工程有限公司等单位分别进行了一系列震动试验，探讨了电气设备的动力特性，得到了设备的抗震性能及支架、导线等附件对设备动力反应影响的初步结论。

20 世纪 80 年代中期，我国进行《电力设施抗震设计规范》的编制，从而组织了一系列电气设备振动试验，得到了相应隔离开关、断路器等的动力特性，提出了各类高压电气设备抗震性能的分析计算方法，并研究了连接方式、支架安装方式、阻尼比及场地条件等诸因素对高压电气设备抗震性能的影响。在这些工作的基础上，我国《电力设施抗震设计规范》（送审稿 GBJ 11—89）于 1989 年完成，从此我国的电力设备抗震设计变得有章可循。

1996 年 9 月，中国颁布了国家标准《电力设施抗震设计规范》，该规范是在总结唐山大地震和海城地震电力设施地震灾害的基础上，对旧的《建筑抗震设计规范》（GB J 11—89）在电力设施领域的延伸。该规范的实施从抗震计算、设备安装等方面规范了电力设施的抗震设计和抗震措施，使我国电气设备抗震设计拥有了自己的行业标准。2005 年，尤红兵将我国当时的《电力设施抗震设计规范》（GB 50260—96）与美国 IEEE 693—2005 进行了比较，发现在水平地震影响系数取值方面我国规范的要求更严格，但是整体上我国的电力设备抗震体系还是相对单薄，还有很多后续工作要做，尤其需要结合具体震害进行设计上的规定。2008 年汶川地震后，谢强等集中分析了汶川地震后大型变压器、开关设备、支撑式管母线的震害机理。2010 年尤红兵等人对瓷柱式 SF_6 断路器进行了有限元建模，采用 IEEE 693 的推荐时程以及汶川地震时程进行计算，对断路器的抗震性能进行了评定，着重探讨了使用减震器后的减震效果。2012 年谢强等人在同济大学振动台模拟了 220 kV 隔离开关的地震响应，结果表明动侧和静侧瓷瓶响应的相关程度显著，且支架的放大系数远超规范指定参数。2018 年朱全军等人开展了支柱类电气设备结构的抗震性能评估问题研究，建立了针对电气设施结构支架动力放大系数选取安全性的一种评估算法。首先采用随机反应谱法考虑地震荷载的随机性，建立了地震影响系数的极值 I 型概率分布；然后通过蒙特卡罗一般抽样方法进行地震反应谱荷载样本的随机投放，并采用有限元法计算样本荷载下支柱类电气设备结构的地震响应，最终依据地震响应量及设计阈值表达的功能函数实现结构设计方案可靠度指标的评估计算。

20 世纪 70 年代以来，国内外学者开展了大量电气设备抗震性能的研究，最初的抗震研究资料主要来源于实际震害收集，国外目前比较完备的震害资料分析成果是由 Pacific Gas and Electric（PG&E）公司和太平洋地震工程中心（PEER）联合资助的加利福尼亚州变电站设备的地震表现数据库，该数据库包括了 1971—1994 年 12 次地震中加州的 60 个 230～550 kV 变电站设备的破坏和未破坏数据以及地面运动的相关信息。1979 年 Kine 和 Linderman 指出了设备抗震试验中应考虑的几项因素，如地震波的选取，试验类型的选取及试验流程和要求。

1983 年瑞典的 Pettersson 等研究了地震荷载对于 GIS（气体绝缘开关设备）的影响，指出地震荷载与 GIS 的组成结构、排布方式和基础设计有密切关系，在设计时应着重考虑。1991 年 ABB 公司的 K.E.Buck 等人通过振动台试验和有限元方法对 GIS 的抗震性能进行了研究。结果表明，3 个支柱的 145 kV/170 kV 的常用的 GIS 可以承受加速度为 0.75g 的水平向地面运动。1991 年 Hellested 等对一批 SF_6 型断路器进行了简单的振动台试验，得出地震作用下断路器上指定点的应力，给出了设计安全系数取值的估算方法。1997 年 Thornberry 等人对隔离开关实施鉴定试验，得出其基频 5～6 Hz，阻尼比为 0.02～0.04；2000 年 Gilani 等根据 5 个 230 kV 隔离开关的试验情况，提出了绝缘瓷瓶的单自由度模型，用于估计不同刚度和高度上支架上瓷瓶的放大系数。2004 年 Whittaker，Fenves，Gilani 对 5 个 230 kV 隔离开关（两个水平旋转式隔离开关和 3 个竖向旋转式隔离开关）进行了抗震性能振动台试验研究，建立了隔离开关的单自由度模型，给出了地震作用下隔离开关薄弱点以及安装在不同高度和刚度框架上的隔离开关的动力放大系数，并对支架的设计提出了建议。同年，加利福尼亚大学伯克利分校的 Takhirov 等进行了 550 kV 隔离开关单个瓷柱的抗震鉴定和破坏性试验，也是着重考虑了支架的放大效果。2008 年 Klingbeil 和 Bauch 总结了近 15 年各学者对复合材料质避雷器的研究，研究表明复合材料的性能优于瓷质材料，其中 500 kV 避雷器的振动台试验结果满足 IEEE 693—2005 的高水准要求，说明复合材料的应用将是高压电气设备抗震领域的一大新方向。

7.5.2 变电站设备减隔震研究

国内先是开始进行减隔震有限元模型的分析，2007 年韩军科、朱全军、杨风利、曹枚根对云南某变电站的高压隔离开关进行了基底隔震的有限元建模，按抗震设防烈度为 9 度进行地震时程分析，并比较了隔震与非隔震两种情况下设备的地震反应。结果表明基底隔震大大延长了高压隔离开关上部结构的自振周期，对其抗震薄弱点的减震效果明显。隔震后高压隔离开关下瓷柱根部剪力减震率的范围为 53.23%～79.92%，弯矩减震率的范围为 54.00%～78.09%。之后对各类减隔震装置进行了一定的性能分析，2007 年刘彦辉对某 330 kV 电压互感器进行了隔震设计，设计了一种新型的能够抗拉的钢制隔震装置，设置在支架顶部与设备底部之间，并对相应的等待设备的隔震效果进行了分析。结果表明，隔震后结构自振周期有所增加（0.41 s 增加到 0.43 s），隔震装置能够有效地减小上部设备的动力响应，保护电气设备的安全。2008 年文波、牛荻涛、张俊发、赵鹏对高压电抗器进行成组隔震设计，在基础部位设置铅芯叠层橡胶隔震支座隔震层，结合实际工程给出高压电抗器隔震计算的建模原则、计算方法与分析步骤。计算结果表明，采用隔震措施后，高压电抗器的地震反应可以显著降低，整体结构可以近似降低一个设防烈度进行设计，是提高电气设备抗震能力的有效而实用的途径。2009 年朱殿之、刘彦辉、王国尚对采用隔震技术的古浪 330 kV 变电站主控楼及电压互感器进行了结构地震反应分析。实际工程中，设置了带铅芯的叠层橡胶隔震垫，在电气设备支架顶面设置了减震隔震垫。时程分析结果表明，地震作用下结构及设备的动力响应明显降低，建筑物可按照降低 1 度的设防烈度进行隔震设计，电气设备的加速度响应减小至非隔震时的 85%~93%。最后在此基础上对变电站整体各设备的减隔震装置推广利用，2015 年刘洋针对当前电力设备抗震相关研究较弱，地震易损性高的现状，开展数值仿真与理论研究，以提高电力设备的抗震能力，减少震害造成的损失。由此以 500 kV 和 220 kV 两种电压等级变电站电气设备为研究对象，其中电气设备包括隔离开关、避雷器、断路器，通过研究其在遭遇 9 度及以下地震震级情况下设备本身的抗震特性，研究电气设备抗震能力的影响因素和优化方案，并通过设备优化措施和减隔震措施使相应破坏的电气设备达到设备安全范围之内。

国外的减隔震装置中对钢丝绳阻尼器的研究较为丰富，1993 年 Demetriades 采用 3 种不同的钢绞线隔震器对建筑结构内的设备进行隔震设计，通过静力试验获得隔震器的滞回性能，采取数值模拟和振动台试验两种方法对设备隔震和不隔震情况下的地震反应做了比较，证明了此隔震器的有效性。2008 年 F.Paolacci 和 R.Giannini 研究了钢绞线阻尼器的滞回特性，建立了相应的滞回模型。对 3 种不同型号的钢绞线阻尼器进行了拉压试验和两个方向的剪切试验。所得的滞回曲线表明，该阻尼器受拉时刚度发生硬化，受压时刚度发生软化，且滞回特性与频率无关；水平两个方向上的剪切刚度和耗散性能相差不大。阻尼器的滞回性能与频率无关，阻尼比为 15%~20%。采用经典 Bouc-Wen 模型和修正后的 Bouc-Wen 模型分别对拉压滞回曲线和剪切滞回曲线进行模拟，所得结果与实际曲线吻合较好。采用上述模型对 420 kV 瓷柱式断路器进行了隔震和非隔震条件下的有限元建模，分析并比较了二者的结果。结果表明，隔震后设备周期由 0.61 s 增大到 1.23 s，基底最大弯矩减小了 57%，同时设备顶部位移增大了 100%，验证了隔震系统的有效性。同时对其他的减隔震装置也进行了深入的研究，2002 年 M. Di Donna、G. Serino、R. Giannini 对 420 kV 的 Y 形瓷柱式断路器进行了隔震设计，采用弹簧与黏弹性阻尼器隔震体系，并对其进行500年一遇地震作用下有隔震和无隔震条件下的动力时程分析，比较所得结果。结果表明，对断路器进行基础隔震能够将它的应力响应减小一半以上，但相应的其位移响应大幅增加。因此，在具有基础隔震的断路器等耦联电气设备的整体设计中，要考虑设备间相对位移的增加，做好连接母线的设计。2010年M. Ala Saadeghvaziri、B. Feizi、L. Kempner Jr.、D. Alston指出对变压器采用隔震技术能够改善其易损性，讨论了变压器隔震应用中可能出现的支座提离等问题，并对一433.3 MVA变压器进行摩擦摇摆系统（Friction Pendulum System，FPS）隔震的有限元建模分析，分别给出隔震和非隔震情况下变压器箱体和套管的地震响应。分析结果表明，隔震系统能够有效地减小变压器箱体和套管的惯性力，减小程度依赖于箱体和套管的频率比，二者频率越接近，减震效果越好；此外，变压器和其他设备的耦连设计中，可适当增大连接母线的垂度，以适应隔震后设备位移响应的增加。

7.5.3 抗震仿真试验

7.5.3.1 电流互感器有限元分析结果

1. 模态分析

模态分析用于确定结构本身所固有的振动特性，主要包括自振频率和振型，它们是结构动力计算的重要内容。结构的自振特性反映了其刚度指标，它是承受动载荷的结构设计中的重要参数，同时也是瞬态分析、谐响应分析和谱分析的起点，因此它对于正确地进行结构的抗震计算和设计有着重要的意义。

直流滤波器回路系统是一个质量与刚度连续分布的体系，具有无限多个自由度。采用有限元分析的方法即是将具有无限个自由度的连续结构体系离散化为有限个自由度的有限元计算模型。由于阻尼对结构自振特性的影响很小，因此在求解结构的自振频率和振型时，通常忽略阻尼所带来的影响。

采用ABAQUS软件中的Lanczos法（分块兰索斯法）对该构架的有限元模型进行模态分析，该法采用一组特征向量实现Lanczos迭代计算，计算精度很高，且速度很快。经过模态分析计算可以得到电流互感器，避雷器和电抗器的模态信息。

电流互感器结构的前 3 阶模态均为电流互感器套管绕其支承斜杆底部的转动变形，其中1阶模态变形主要来自槽钢层面外的转动约束不足引起的套管的面外转动变形，且套管的1阶自振频率明显低于2阶和3阶频率，其中2阶和3阶频率相近。套管的前 3 阶自振频率均在 1 ~ 10 Hz，这就和地震的场地卓越频率接近，在地震作用下套管顶部会由于共振作用产生较大的位移响应，同时套管根部的应力响应也会是研究的重点。

2. 影响参数分析

采用壳单元建模，所有尺寸来自 CAD 测量，其中钢板厚度有 3 个档次，10 cm（槽钢），12 cm（法兰高，平台），24 cm（法兰底），套管质量为 200 kg，顶部结构质量：50 kg，总质量：1.65 × 103 kg，地震输入采用 ElCentro 波，三向（1：0.85：0.65）地震输入的幅值加速度为 0.4g。

模态结果如图 7-11 所示。

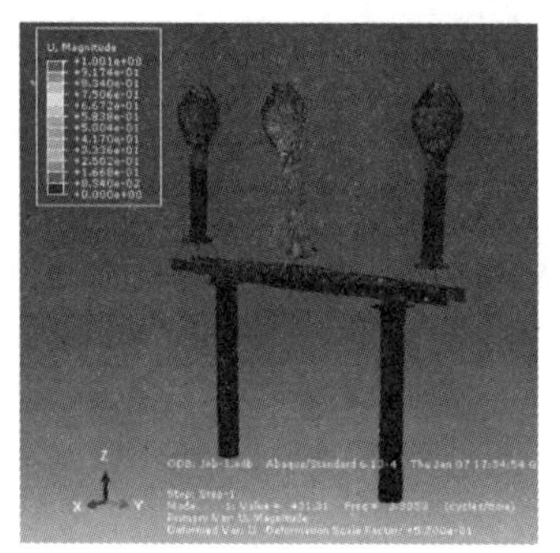

（a）f = 3.33 Hz

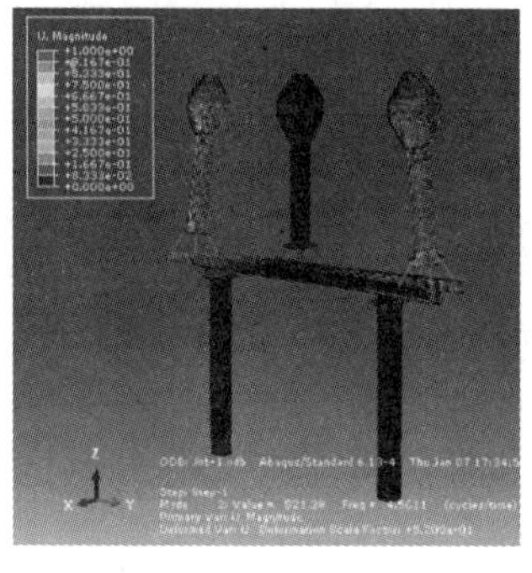

（b）f = 4.56 Hz

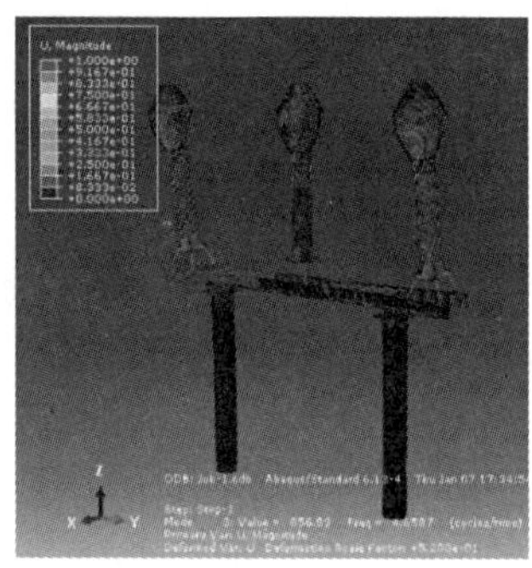

（c）f = 4.65 Hz

图 7-11 电流互感器前 3 阶模态及其对应的频率（1）

原始结构的电流互感器地震响应如表 7-5 所示。

表 7-5 电流互感器地震响应表

响应项	柱底	柱顶	法兰底部	法兰顶部	结构顶部
加速度/（m/s^2）	4	4.8	6.4	12.1	15.5
位移/mm	0	3.3	7.7	26.7	37.8
应力/MPa	8.9	/	5.5	/	/

采用壳单元建模，将槽钢层的弹性模量提高 1 000 倍，厚度加大 2 倍，其模态结果如图 7-12 所示。

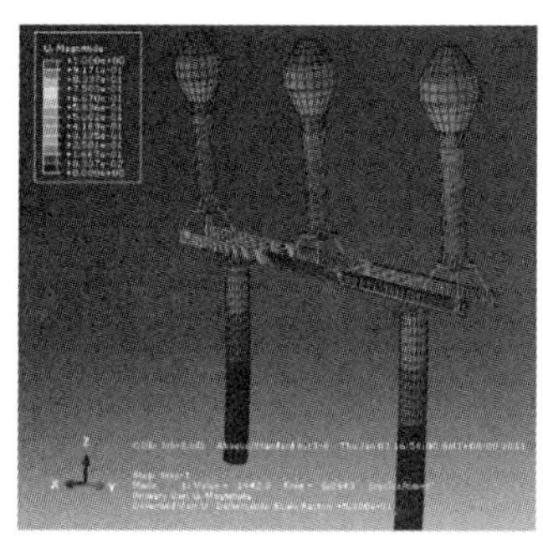

(a) f= 6.04 Hz

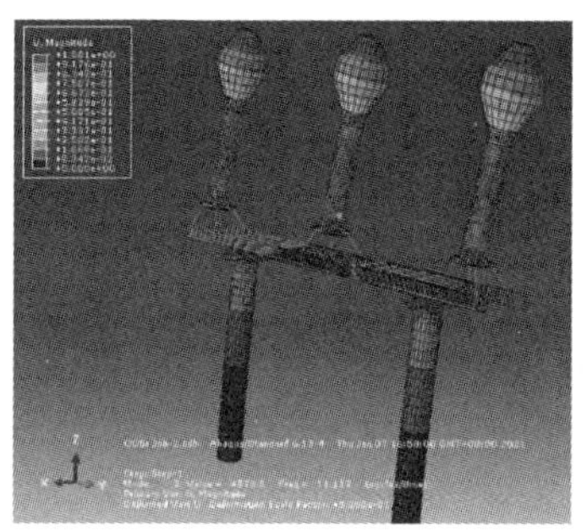

(b) f= 11.12 Hz

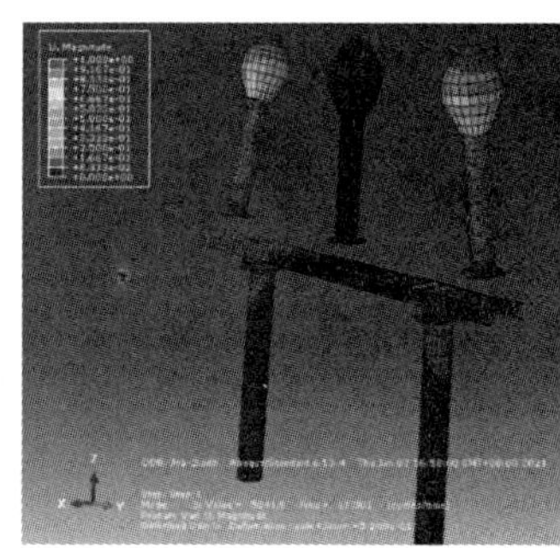

(c) f= 11.30 Hz

图 7-12 电流互感器前 3 阶模态及其对应的频率(2)

其电流互感器的地震响应如表 7-6 所示。

表 7-6 电流互感器地震响应表

响应项	柱底	柱顶	法兰底部	法兰顶部	结构顶部
加速度/(m/s^2)	4	6.6	7.7	13.3	18.4
位移/mm	0	3.6	4.67	9.79	12.8
应力/MPa	8.7	/	5.33	/	/

如图 7-13 所示,带有减隔震支座的模型选用 ABAQUS 连接器,在槽钢不变形的基础上,模拟阻尼器特性。在套管底部安装阻尼器单元,模拟隔震支座在地震作用下的响应。其模态结果如图 7-14 所示。

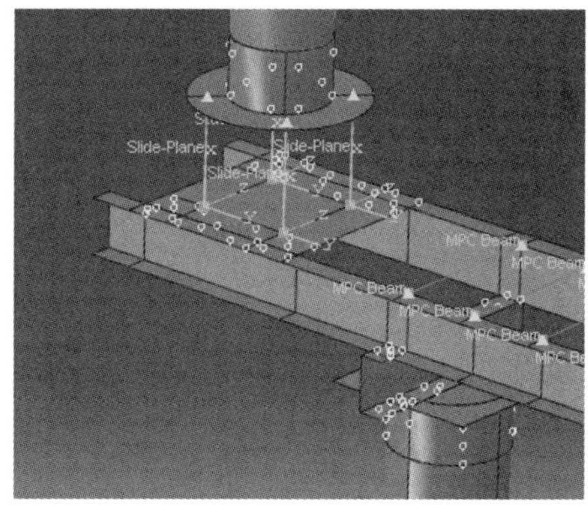

图 7-13 电流互感器隔震支座示意图

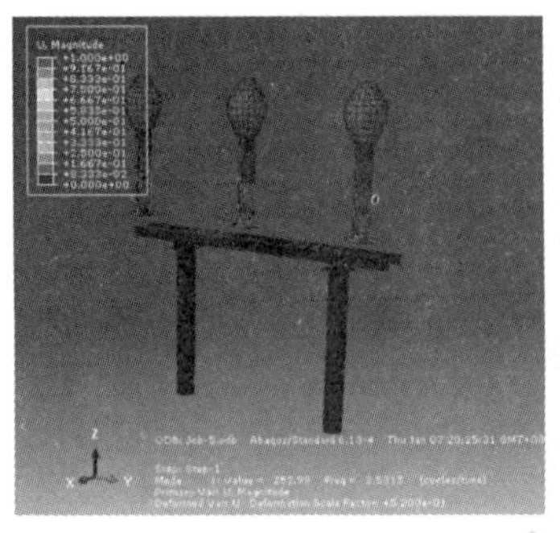
(a) f= 2.53 Hz

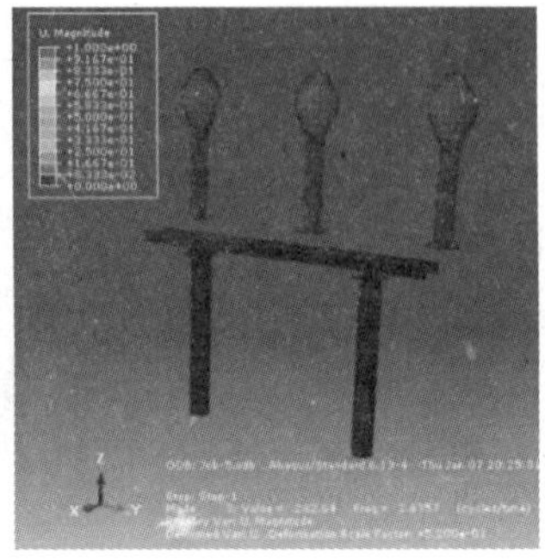
(b) f= 2.67 Hz

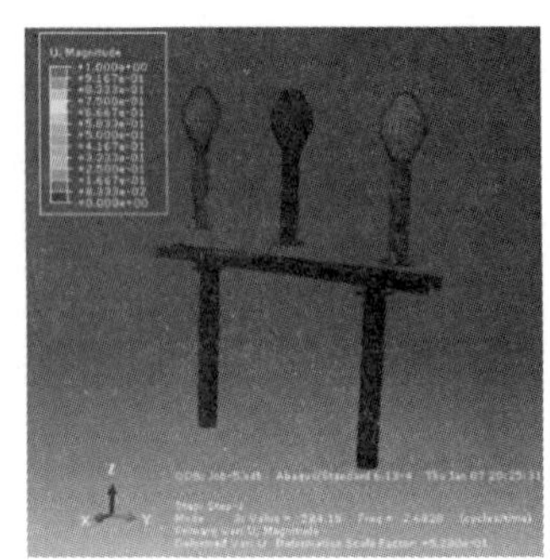
(c) f= 2.68 Hz

图 7-14　电流互感器前 3 阶模态及其对应的频率(3)

其电流互感器的地震响应表如表 7-7 所示。

表 7-7　电流互感器地震响应表

响应项	柱底	柱顶	法兰底部	法兰顶部	结构顶部
加速度/(m/s^2)	4	6.8	6.8	4.8	8.1
位移/mm	0	1.6	187	187	188
应力/MPa	4.7	/	1.92	/	/

对比上述 3 种改进方案，可以看出电流互感器套管根部应力对比，如图 7-15 所示，采用减隔震方式可以明显降低套管根部的应力，降低地震作用下电气设备的易损性。

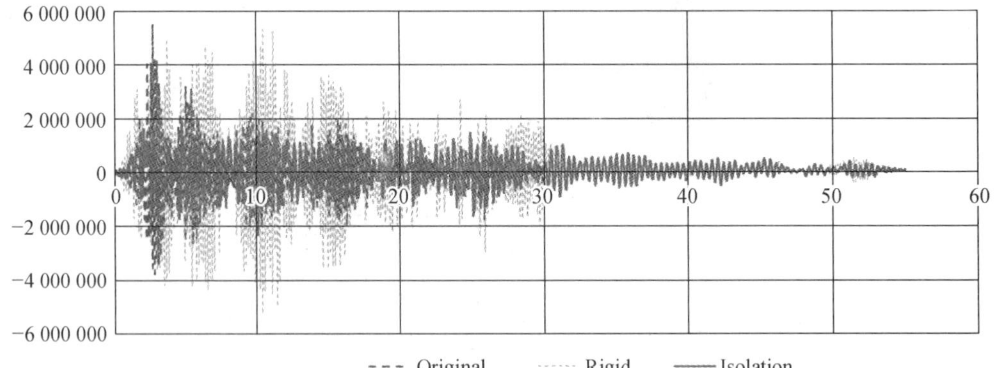

图 7-15　套管根部应力时程曲线

3. 地震响应分析

根据《电力设施抗震设计规范》(GB 50260)和《建筑抗震设计规范》(GB 50011)的要求，选取7组Ⅱ类场地的天然地震波进行时程分析，这7组地震波的平均反应谱与《电力设施抗震设计规范》提供的II类场地地震影响系数曲线对比情况如图7-16所示。由图可知，本书选取的7组地震波平均反应谱可以很好地包络规范反应谱，保证了地震波选取合理性。

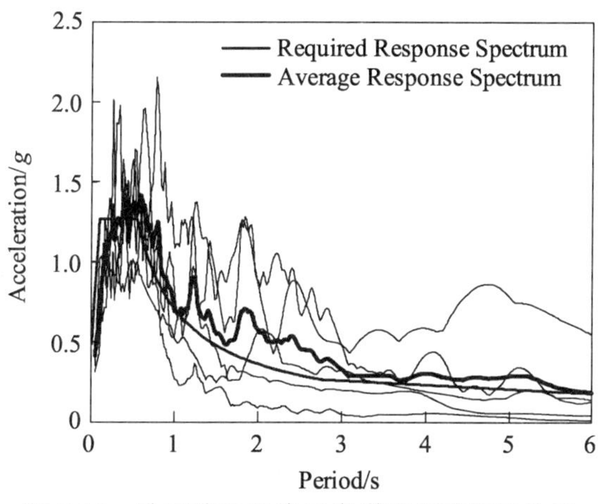

图7-16 地震波的平均反应谱和需求谱对比图

在有限元模拟中，应力响应的最大值为电流互感器套管根部。选取隔震前后结构套管根部应力时程作为对比，如图7-17和图7-18所示。原始模型在峰值加速度为0.4*g*的地震波输入的情况下，套管的根部应力达到最大值为10.41 MPa，其在地震作用下具有较高的易损性。在采用中间层隔震以后，电流互感器套管的根部应力最大值为4.84 MPa，应力减小幅度为53.5%。采用中间层隔震的方式，可以明显地减少套管的根部应力最大值，保证电气设备的安全运行。由于隔震层的刚度小于结构其他高度处的刚度值，电流互感器结构顶部的位移在隔震结构中将会增加，由原来的24.27 mm增加到39.47 mm，增加幅度为62.6%。根据隔震层刚度和应力的关系可以得到，隔震层的刚度越低，隔震效率越高，相反的结构顶部的位移也会随之而增大。对于隔震引起的位移增大效应，实际工程应用中可通过适当增加电流互感器顶部连接导线长度，避免因地震作用下设备顶部位移过大而引起的牵拉破坏。

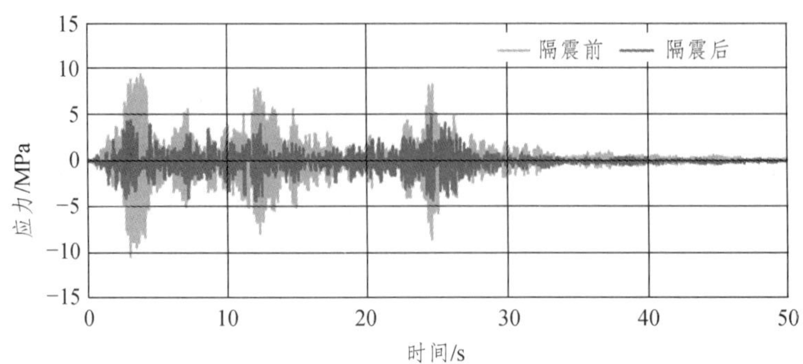

图 7-17 电流互感器隔震前后应力时程对比图

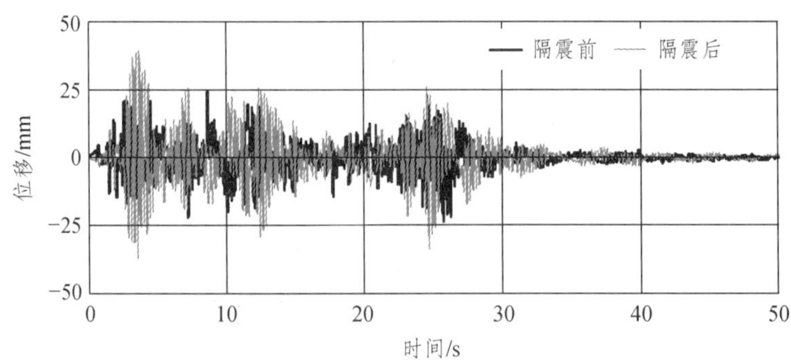

图 7-18 电流互感器隔震前后位移时程对比图

4. 风荷载计算

按照《建筑结构荷载规范》（GB 50009—2012）计算风荷载大小。垂直于建筑物表面上的风荷载标准值，应按下述公式计算：

$$\omega_k = \beta_z \mu_s \mu_z \omega_0 \tag{7-1}$$

式中 ω_k——风荷载标准值，kN/m^2；

β_z——z 高度处的风振系数；

μ_s——风荷载体型系数；

μ_z——风压高度变化系数；

ω_0——基本风压值，kN/m^2。

z 高度处的风振系数β_z：根据《变电所建筑结构设计规程》（DL/T 5457—2012），$\beta_z = 1.3$。

风荷载体型系数μ_s：根据《建筑结构荷载规范》（GB 50009—2012）圆截面构筑物整体计算时的体型系数取值，取$\mu_s = 1.2$。

风压高度变化系数μ_z：根据《建筑结构荷载规范》（GB50009—2012），对于平坦或稍有起伏的地形，风压高度变化系数应根据地面粗糙度类别按表 7-8 确定。地面粗糙度可分为 A、B、C、D 四类：B 类指田野、乡村、丛林、丘陵以及房屋比较稀疏的乡镇和城市郊区；C 类指有密集建筑群的城市市区。对于通常的特高压变电站，其工程的地面粗糙程度介于 B 类和 C 类之间，按照 B 类地面作保守计算。套管的重心高度为 3 m，因此$\mu_z = 1.0$。

表 7-8　风压高度变化系数表

离地面或海平面高度	地面粗糙类别			
	A	B	C	D
5	1.09	1	0.65	0.51
10	1.28	1	0.65	0.51
15	1.45	1.13	0.65	0.51
20	1.52	1.23	0.74	0.51

基本风压值ω_0：基本风压按规定进行计算$\omega = v^2/1\,600 = 0.25\ \text{kN/m}^2 < 0.30\ \text{kN/m}^2$（风速$v$取 20 m/s）。

根据计算得到风荷载标准值$\omega_k = \beta_z \mu_s \mu_z \omega_0 = 1.3 \times 1.2 \times 1.0 \times 0.3 = 0.47\ \text{kN/m}^2$。

套管重心处所受等效集中力$F_k = S \times \omega_k = 0.6 \times 0.47 = 0.282$ kN（式中，S为套管的迎风面积，由厂家提供套管尺寸推算为 0.6 m^2）。

套管根部所受弯矩$M = F_k \times h = 0.282 \times 1.5 = 0.423$ kN·m（式中，h为套管重心距法兰的高度，厂家提供的值为 1.5 m）。

试件根部所受最大应力$\sigma_k = M/W = 0.3$ MPa[式中，$W = \pi/32D \times (D^4 - d^4)$，$D$为套管根部玻璃钢外径 0.3 m，$d$为内径 0.2 m]。

计算得到原结构的套管根部应力约为 5.3 MPa，与风荷载组合后为 5.6 MPa，折合弯矩$M = \sigma W = 11.9$ kN·m。

隔震支座矩形长宽分别为 0.535 和 0.475。按 0.5 m 计算竖向力，$F = M/x = 24$ kN。

7.5.3.2　电抗器有限元分析结果

如图 7-19 所示，电容器结构的前 3 阶模态均为电容器绝缘子转动和平动引起的电容器结构整体的变形。其中 1 阶模态变形主要为 3 个互为 120°的绝缘子绕同一方向转动所得到的变形，且电容器结构的 1 阶自振频率明显低于 2 阶和 3 阶频率，其中 2 阶和 3 阶频率相近。电容器结构的 2 阶振型为 3 个绝缘子在同一方向的水平运动引起结构上部整体的平移。在地震作用下绝缘子根部会由于共振作用产生较大的位移响应，同时绝缘子根部的应力响应也会是研究的重点。

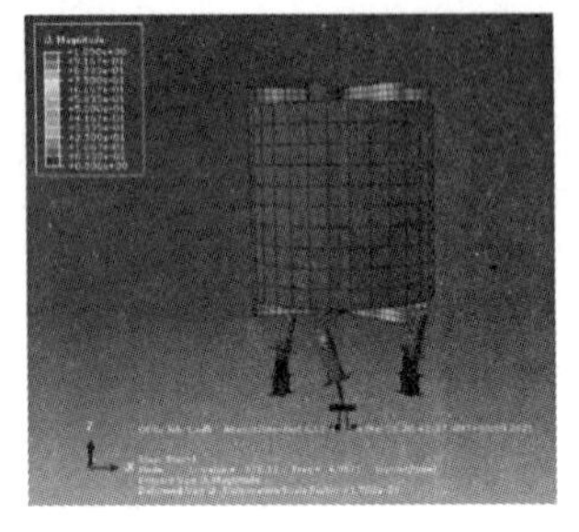

（a）f= 4.957 Hz

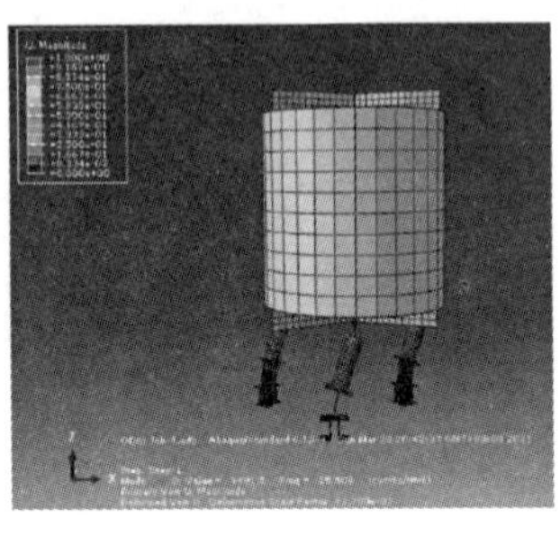

（b）f= 15.506 Hz

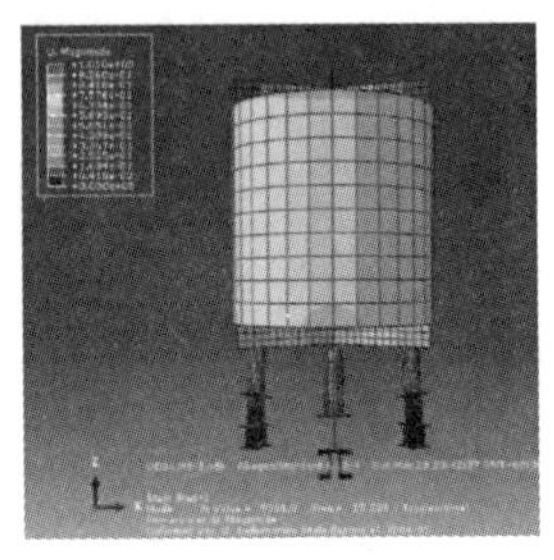

（c）f= 15.598 Hz

图 7-19　电容器前 3 阶模态及其对应的频率

电抗器参数优化过程：

改变支承高度，0.01 m→0.005 m，此时电抗器的前 3 阶模态如图 7-20 所示。

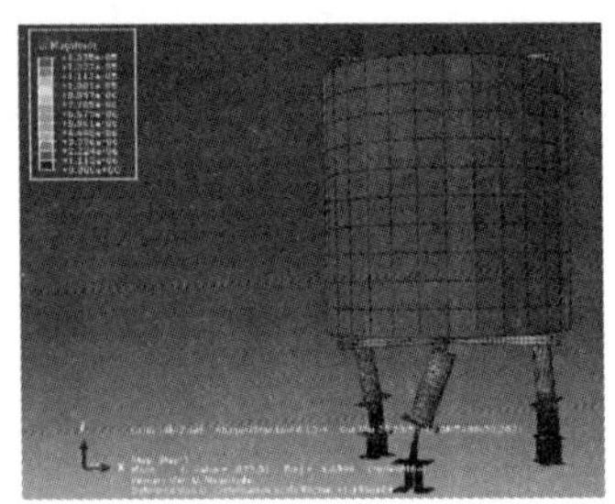

（a）f= 4.70 Hz

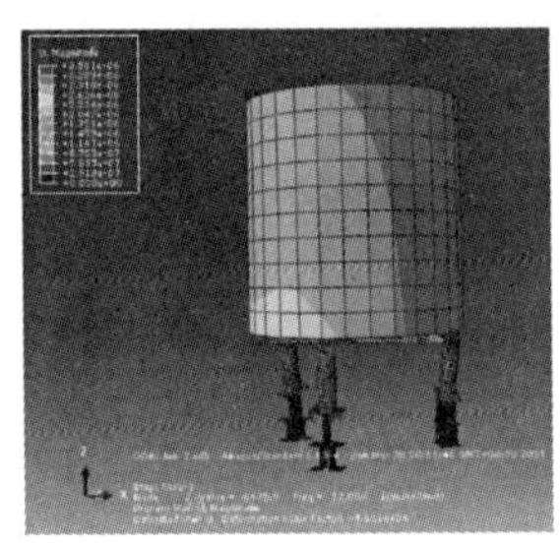

（b）f= 12.8 Hz

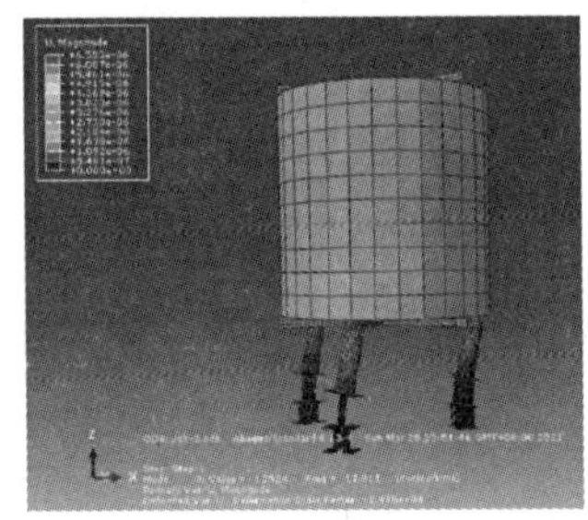

（c）f= 17.8 Hz

图 7-20　电容器前 3 阶模态及其对应的频率

此外，若改变 H 型钢高度：0.14 m→0.10 m，前 2 阶模态振型改变，基频提高，模态振型如图 7-21 所示。

电容器应力响应的最大值为电容器瓷质套管根部。选取隔震前后结构套管根部应力时程作为对比，如图 7-22 和图 7-23 所示。原始模型在峰值加速度为 0.4g 的地震波输入的情况下，套管的根部应力达到最大值为 15.69 MPa，其在地震作用下具有较高的易损性。在采用中间层隔震以后，电流互感器套管的根部应力最大值为 7.37 MPa，应力减小幅度为 53.3%。采用中间层隔震的方式，可以明显地减少套管的根部应力最大值，保证电气设备的安全运行。由于隔震层的刚度小于结构其他高度处的刚度值，电容器结构顶部的位移在隔震结构中将会增加，由原来的 3.79 mm 增加到 12.63 mm，隔震层的刚度越低，隔震效率越高；相反，结构顶部的位移也会随之而增大。

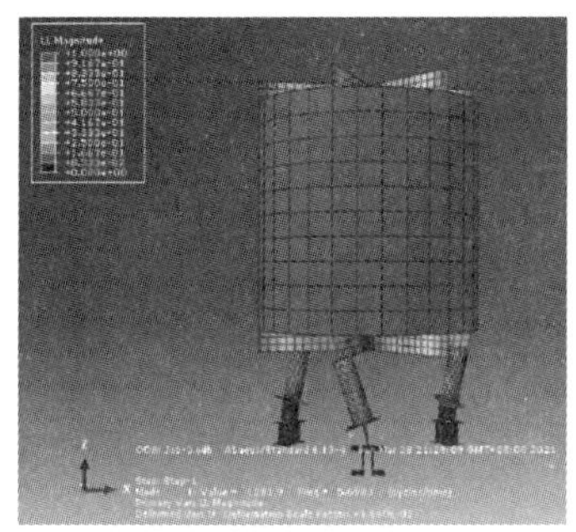
(a) f= 5.698 Hz

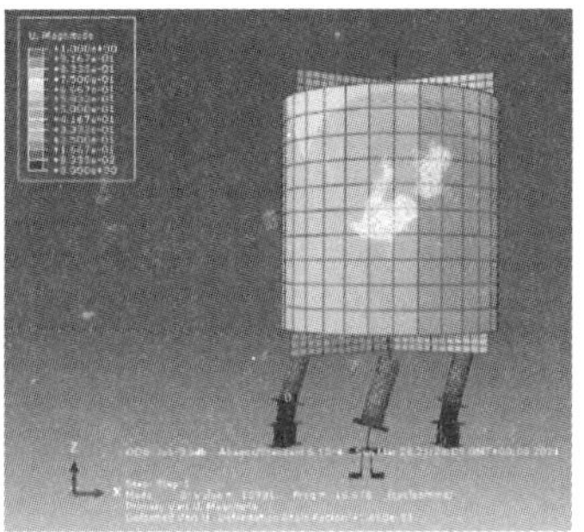
(b) f= 16.678 Hz

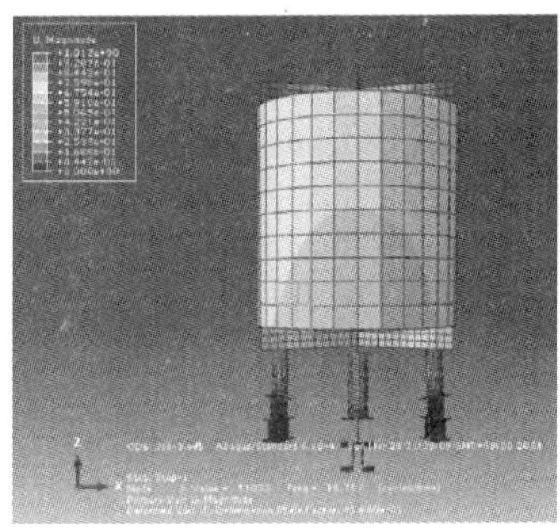
(c) f= 16.717 Hz

图 7-21 电容器前三阶模态及其对应的频率

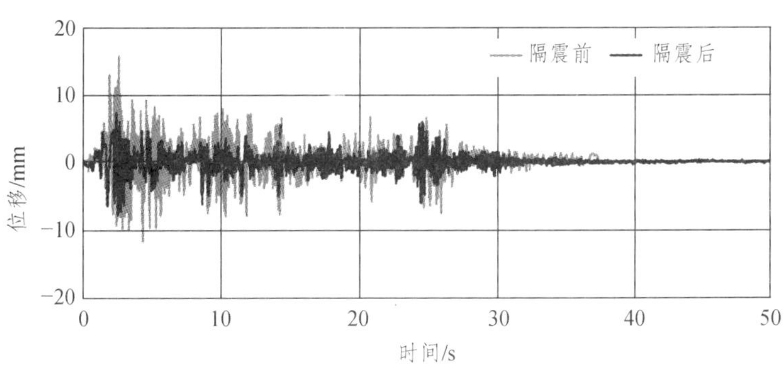

图 7-22 电容器隔震前后应力时程对比图

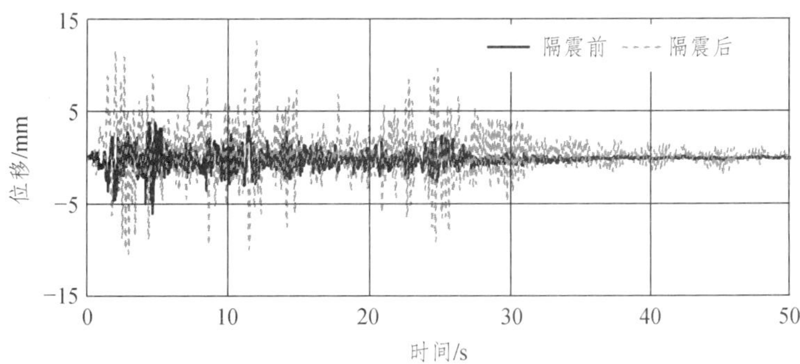

图 7-23 电容器隔震前后位移时程对比图

参考文献

[1] 胡聿贤. 地震工程学[M]. 北京：地震出版社，2006.

[2] 朱毅川，徐克，王兴发，等. 云南电网地质灾害易损性评估与区划[J]. 中国安全生产科学技术，2013，9（9）：148-154.

[3] 李天友. 配电网防灾减灾综述[J]. 供用电，2016，33（9）:1-5.

[4] 李亦纲，南燕云，刘亢，等. 2018 年国际国内地震灾害与应急响应[J]. 中国应急救援，2019（1）:4-9.

[5] 刘建秋，王亚超，韩文庆. 变电站震害分析与抗震措施的研究综述[J]. 电力建设，2011，32（7）：44-50.

[6] 从荣刚. 自然灾害对中国电力系统的影响[J]. 西华大学学报（自然科学版），2013，32（1）：105-112.

[7] 陈述彭，鲁学军，周成虎. 地理信息系统导论[M]. 北京：科学出版社， 1999.

[8] 张文艺. GIS 缓冲区和叠加分析[D]. 长沙：中南大学，2007.

[9] 毛定山. 基于计算几何的矢量数据叠加分析算法研究[D]. 青岛：山东科技大学，2007.

[10] 董慧，程振林，方金云. 基于栅格的叠加分析方法[J]. 高技术通讯，2011，21（1）:22-28.

[11] 田春婷. Web GIS 技术发展趋势分析与探讨[J]. 福建电脑，2009，25（07）:40+53.

[12] 赵珺，张明. Web GIS 实现技术分析及互操作模型[J]. 计算机应用研究，2003（02）：10-12.

[13] 郭雷勇. 基于 Java 的 Web GIS 技术研究和实现[D]. 武汉：武汉理工大学，2004.

[14] 冀明，王雅轩. Web GIS 实现技术的优劣比较[C]//办公自动化学会.OA’2007 办

公自动化学术研讨会论文集. 北京办公自动化杂志社，2007:136-138.
[15] 周长贵. WEB GIS 发展现状及技术概述[J]. 计算机光盘软件与应用，2011（15）:159-159.
[16] 吴秀芹，张洪岩，李瑞改，等. Arc GIS9 地理信息系统应用与实践[M]. 北京：清华大学出版社，2007.
[17] 施建辉，高晖，翟群英，董文君. 基于 ArcMap 的地图工具集系统的实现[J]. 测绘技术装备，2012，14（04）：57-58.
[18] 叶文川. 构造未来 Web 页面的工具语言——XML[J]. 电脑技术，1998（08）：9-11.
[19] 黄隆胜，杨帆，谢锦平. XML 技术在 Web GIS 中的应用[J]. 吉林化工学院学报，2003（01）:49-53.
[20] 罗英伟，汪小林，马坚等. 基于 GML 的 Web GIS 应用研究[J]. 计算机工程，2002（07）:15-16.
[21] 周泽兵.VML 在 Web GIS 图形显示中的应用研究[J].测绘信息与工程，2005（03）：12-13.
[22] 王新房，张迎春，王小年. 增强图元文件（EMF）的识别与存储[J]. 陕西工学院学报，2002，18（3）：12-15.
[23] 张海平，周星星，代文.空间插值方法的适用性分析初探[J].地理与地理信息科学，2017，33（06）：14-18+105.
[24] 廖振鹏，郑天愉.工程地震学在中国的发展[J].地球物理学报，1997（S1）：177-191.
[25] 陶夏新.我国新的地震区划编图和中国地震烈度区划图（1990）[J]. 自然灾害学报，1992（01）：99-109.
[26] 李海涛，邵泽东. 空间插值分析算法综述[J].计算机系统应用，2019，28（07）：1-8.
[27] 四川电力试验研究院. 汶川大地震四川电网电气设备受损情况报告[R]. 成都：四川电力试验研究院，2008.
[28] 刘如山，张美晶，邬玉斌，等. 汶川地震四川电网震害及功能失效研究[J]. 应用基础与工程科学学报，2010，18（S1）：200-211.
[29] 于永清，李光范，李鹏，等. 四川电网汶川地震电力设施受灾调研分析[J]. 电网技术，2008，280（11）：5-10.

[30] 李名莉，焦欣欣. 电气设备的失效分析方法[J]. 电气传动自动化，2015，37（05）：57-60.

[31] 谢强. 电力系统的地震灾害研究现状与应急响应[J]. 电力建设，2008，335（08）：1-6.

[32] 国家技术监督局. 高压开关设备抗地震性能试验:GB/T 13540—1992[S]. 北京：中国电力出版社，1992.

[33] 美国电气电子工程师学会. 变电站抗震设计推荐规程：IEEE 693—2005[S]. 2005.

[34] 柏文，唐柏赞，戴君武，杜轲，杨永强. 考虑地震和材料强度不确定性的瓷柱型电气设备易损性分析[J]. 中国电机工程学报，2021，41（07）：2594-2605.

[35] 赵玉祥. 电瓷型高压电气设备的抗震性能研究[D]. 上海：同济大学，1987.

[36] 刘振林，代泽兵，卢智成.基于 Weibull 分布的电瓷型电气设备地震易损性分析[J]. 电网技术，2014，38（04）：1076-1081.

[37] 柏文. 瓷柱型电气设备易损性及其减震方法研究[J]. 国际地震动态，2019（12）：72-73.

[38] 罗金盛，张振. 地震灾害中的高压电气设备响应与易损性分析[J]. 灾害学，2019，34（01）：47-50.

[39] ANAGNOS T. Development oi an Elcctrical Substation Equipment Performance Database for Evaluation of Equipment Fragilities[R]. PEER Report. Pacific Earthquake Engineering Research Center,1999.

[40] 李吉超. 基于概率的变电站系统抗震性能评估方法研究[D]. 北京：中国地震局工程力学研究所，2018.

[41] 胡彧婧，谢强. 管母线连接变电站电气设备的地震易损性分析[J]. 电力建设，2010，31（07）：22-28.

[42] 杨长青. 基于地震动参数高压电气设备的易损性分析[D]. 北京：中国地震局工程力学研究所，2011.

[43] 柏文，戴君武，宁晓晴，周惠蒙. 电流互感器抗震性能及减震振动台试验[J].世界地震工程，2017，33（03）：1-6.

[44] 夏旭忆. 瓷柱型电流互感器易损性分析与隔震试验[D]. 北京：中国地震局工程力学研究所，2022.

[45] 王健生，朱瑞元，谢强. 35 kV 电容器成套装置抗震性能的仿真分析[J].电力建设，2012，33（04）：1-5.

[46] 李吉超，李海洋，尚庆学，等. 110 kV 电流互感器振动台试验研究[J]. 高压电器，2022，58（08）：135-141.

[47] HOWARD H M, HWANG, TIEN CHOU. Evaluation of seismic performance of an electric substation using event tree/fault tree technique[J]. Probabilistic Engineering Mechanics, 1998, 13(2).

[48] ANDRIJA VOLKANOVSKI, MARKOČEPIN, BORUTMAVKO. Application of the fault tree analysis for assessment of power system reliability[J]. Reliability Engineering and System Safety, 2009, 94(6).

[49] 李天. 电力系统抗震可靠性分析研究[D]. 上海：同济大学，2001.

[50] 张秀丽，许静静，刘新红. 基于量化指标的变电站抗震韧性评估方法[J].高压电器，2022，58（08）：213-221.

[51] 程永锋，朱祝兵，卢智成，刘振林，章姝俊. 变电站电气设备抗震研究现状及进展[J].建筑结构，2019，49（S2）：356-361.

[52] 蒋凤梅. 考虑结构—电气设备相互作用的大型变电站地震易损性分析研究[D]. 西安：西安建筑科技大学，2011.

[53] 李吉超. 基于概率的变电站系统抗震性能评估方法研究[J]. 国际地震动态，2019（11）：65-66.

[54] 刘晓航，郑山锁，黄瑜，董淑卿，杨丰，董晋琦.基于邻接矩阵法的变电站系统抗震可靠性分析[J]. 浙江大学学报（工学版），2022，56（08）：1495-1503.

[55] 谢强，梁黄彬，刘潇，吴思源. 变电站系统抗震韧性研究现状与展望[J]. 高压电器，2022，58（08）：1-14.

[56] 李永伟，王震宇，于国庆，韩兴德. 信息融合技术在高压电气设备温变故障诊断中的应用[J].河北工业科技，2007（06）：366-368+373.

[57] 侯静. 基于光纤测温的高压开关柜温度故障预警[D]. 济南：山东大学，2009.

[58] 张慧源，顾宏杰，许力，许文才. 基于最小二乘支持向量机的载流故障趋势预测[J].电力系统保护与控制，2012，40（10）：19-23+29.

[59] 江香云. 设备状态监测相关问题研究[D]. 杭州：浙江大学，2012.

[60] 栗鹏辉，吴剑男，韩汝军等. 无线传感网在变电站智能化中的研究与应用[J].电力系统通信，2012，33（09）：72-75.

[61] 陈静，邓强强，冯雁声. 智能化变电站温度在线监测系统的设计与应用[J]. 自动化应用，2013（08）：65-66+72.

[62] 赵倩. 变电站设备监测系统及温度预测算法的研究[D]. 北京：华北电力大学，2015.

[63] 云南电网有限责任公司电力科学研究院. 基于奇异值分解的变电站设备健康监测传感器布置方法：CN202111301702.X[P]. 2022-02-01.

[64] 王东方. 远程数字视频监控与图像识别技术在变电站中的应用[D]. 北京：华北电力大学，2006.

[65] 张浩. 图像识别技术在电力设备在线监测中的应用[D]. 北京：北京交通大学，2009.

[66] 崔荣梅. 高光谱图像去噪及分类技术研究[D]. 西安：西安电子科技大学，2018.

[67] 马冠群. 基于低秩约束的高光谱图像去噪算法研究[D]. 成都：电子科技大学，2019.

[68] 段普宏. 高分辨率高光谱图像处理与分析关键技术研究[D]. 长沙：湖南大学，2021.

[69] 刘宏波. 基于深度学习的高光谱图像去噪方法研究[D]. 南京：南京邮电大学，2022.

[70] 云南电网有限责任公司电力科学研究院. 一种用于电力设备高光谱图像的降噪方法: CN202110654103.X[P]. 2021-08-13.

[71] 李昊，陈龙谭，于虹等. 基于 MEMS 的震时典型瓷套设备多特征参数监测技术研究[J].云南电力技术，2022，50（02）：94-98.

[72] 史芝纲. 硅基 MEMS 压力传感器研究[D]. 西安：西安电子科技大学，2020.

[73] 刘如山，熊明攀，马强等. 基于仪器地震烈度的变电站高压电气设备易损性研究[J]. 自然灾害学报，2021，30（02）：14-23.

[74] 孙启林. 变电站架构与设备体系抗震性能研究[D]. 徐州：中国矿业大学，2018.

[75] 李成宏. 面向地震监测的 GNSS 组合 MEMS 加速度计测量特性研究[D]. 斌汉：武汉大学，2020.

[76] 索艳春.基于 Sage-Husa 自适应滤波器的 MEMS 陀螺随机误差建模补偿[J]. 电子器件，2018，41（06）：1457-1460.

[77] 熊泰然. 高精度多 MEMS 陀螺仪设计及滤波算法研究[D]. 北京：中国科学院大学（中国科学院微小卫星创新研究院），2021.

[78] 陈新宇. 云南电网系统地震灾害的风险评估研究[D]. 武汉：中国地质大学，2012.

[79] KIUREGHIAN A D, SACKMAN J L, HONG K J. Seismic interaction in linearly connected electrical substation equipment[J]. Earthquake Engineering and Structural Dynamics, 2001, 30(3): 327-347.

[80] 沈鑫，曹敏，薛武，等. 基于物联网技术的输变电设备智能在线监测研究及应用[J]. 南方电网技术，2016，10（1）：32-41.

[81] JUNHO SONG, ARMEN DER KIUREGHIAN, JEROME L. SACKMAN. Seismic interaction in electrical substation equipment connected by non-linear rigid bus conductors[J]. Earthquake engineering & structural dynamics, 2007, 36(2):167-190.

[82] 谢强，王亚非. 软母线连接变电站电气设备的地震响应分析[J]. 中国电机工程学报，2010，30（34）：86-92.

[83] 郑山锁，汪靖，贺金川，等. 软母线连接电气设备地震响应定量分析[J]. 世界地震工程，2021，37（1）：144-151.

[84] 邱宁， 程永锋， 钟珉，等. 1000 kV 特高压交流电气设备抗震研究进展与展望[J]. 高电压技术， 2015，41（5）：1732-1739.

[85] MOHAMMADI R K, TEHRANI A P. An investigation on seismic behavior of three interconnected pieces of substation equipment[J]. IEEE Transactions on Power Delivery, 2013, 29(4): 1613-1620.

[86] ZHAO X Z, WEN F P, CHAN T M, et al. Theoretical stress strain model for concrete in steel-reinforced concrete columns [J]. Journal of Structural Engineering, 2019, 145(4): 401-409.

[87] 李黎，汪国良，胡亮，等. 特高压支架-设备体系动力响应简化分析及参数研究[J]. 工程力学，2015，32（03）：82-89.

[88] 文嘉意，谢强.弱耦联体系地震响应的隔离分析求解[J]. 工程力学，2021，38（04）：102-110+122.

[89] 胡珍秀. 电力设施地震韧性评估方法研究[D]. 哈尔滨：中国地震局工程力学研究所，2020.

[90] 苏小超，侯磊，朱祝兵，等. 瓷套管避雷器的多体动力学模型与地震响应分析[J]. 哈尔滨工业大学学报，2022，54（12）：10-16.

[91] 袁勇，申中原，禹海涛. 沉管隧道纵向地震响应分析的多体动力学方法[J].工程力学，2015，32（05）：76-83.

[92] 蔡建国，韩志宏，冯健等. 多刚体动力学在结构地震响应分析中的应用[J].工程力学，2010，27（11）：250-256.

[93] CLOUGH R W, PENZIEN J. Dynamics of structures [M]. Third Edition. Walnut Creek: Computers & Structures Inc., 2003.

[94] 杜永峰，刘彦辉，李慧. 带分布参数高压电气设备地震响应半解析法[J]. 工程力学，2009，26（03）：182-188.

[95] 王晓宁，孙宇晗，程永锋，等. 110 kV 电容器组地震模拟振动台试验[J]. 兰州理工大学学报，2020，46（2）：145-149.

[96] 鲁翔，陈向东，潘国洪，等. 特高压变电站内支柱式电容器塔地震响应特性研究[J]. 高压电器，2021，57（8）：86-92.

[97] 唐云，朱旺，薛志航，等. ± 1200 kV 特高压直流穿墙套管抗震性能分析[J]. 高压电器，2022，58（08）：41-49.

[98] 刘振林，代泽兵，卢智成. 基于 Weibul 分布的电瓷型电气设备地震易损性分析[J]. 电网技术， 2014，38（4）：1076-1081.

[99] 谢强，朱瑞元. 大型变压器抗震研究现状与进展[J]. 变压器，2011，32（22）：25-31.

[100] OKADA T. Seismic Design of connecting leads in open-air type substations[C]// Proceedings of The International Conference on Large High Voltage Electric Systems. Paris, France: CIGRE,1986: 23.04.1-23.04.8.

[101] RICHTER H L. Post-quake lessons for power utilities[J]. IEEE Spectrum, 1988(25): 46-48.

[102] ARMEN DER KIUREGHIAN, Kee-JEUNG HONG, JEROME L SACKMAN. Further Studies on Seismic Interaction in Interconnected Electrical Substation Equipment[R]. A report on research sponsored by Pacific Gas & Electric Company (PG&E)under

Contract No. Z19-5-274-86 and the California Energy Commission under Contract No. 500-97-101.

[103] 于永清， 李光范， 等. 四川电网汶川地震电力设施受灾调研分析[J]. 电网技术，2008，32（11）：T1- T6.

[104] A FILIATRAULT, C STEARNS. Seismic response of electrical substation equipment interconnected by flexible conductors[J]. Journal of Structural Engineering, 2014, 130(5): 769-778.

[105] Institute of Electrical and Electronics Engineers Inc. IEEE recommended practice for seismic design of substations: 693-2005 [S]. New York, IEEE Standards Board, 2005.

[106] 日本电气技术标准调查委员会. 电气设备抗震设计指南[M]. 周书瑞，郭展潮，译. 北京：中国技术标准出版社，1984.

[107] 中国国家标准化管理委员会. 高压开关设备和控制设备的抗震要求：GB/T 13540[S]. 北京：中国标准出版社，2010.

[108] 中华人民共和国住房和城乡建设部:电力设施抗震设计规范:GB 50260—2013[S]. 北京：中国计划出版社，2013.

[109] 谢强，王健生，杨雯，等. 220 kV 断路器抗震性能地震模拟振动台试验[J]. 电力建设，2011，32（10）：10-14.

[110] 王社良，李付勇，杨涛，等. 基于 ANSYS 的气体绝缘全封闭组合开关隔震性能有限元分析[J]. 世界地震工程，2016，32（4）：25-30.

[111] 张玥. 特高压换流站支柱耦联体系抗震性能分析与试验研究[D]. 上海:同济大学，2019.

[112] 张佩，赵书涛，申路，等. 基于改进 EEMD 的高压断路器振声联合故障诊断方法[J]. 电力系统保护与控制，2014（8）：77-81.

4. 通过车轮速度确定机器人当前位置。

5. 找到到达目标位置所需的车轮速度。

第3章

1. 机器人建模是用包括机器人的运动学和动力学的所有参数，建立机器人二维和三维表示的过程。

2. 机器人二维模型主要包括机器人零件的精确尺寸，可以帮助计算机器人的运动学参数以及制造机器人零件。

3. 机器人的三维模型是机器人硬件的精确复制，包含了由 CAD 软件设计的物理机器人的所有参数，可以用来创建机器人的仿真并对机器人的部件进行 3D 打印。

4. 如果已知 Blender 脚本 API，那么使用 Python 脚本创建三维模型比手动建模更容易、更准确。

5. URDF 文件是机器人在 ROS 中的三维模型表示。它具有机器人的运动学和动力学参数。

第4章

1. 可以使用 Gazebo 插件在 Gazebo 中进行传感器建模。传感器模型可以使用 C++ 编写，而且可以插入 Gazebo 仿真器中。

2. ROS 与 Gazebo 对接使用的是 Gazebo ROS 插件。将此插件加载到 Gazebo 后，就可以通过 ROS 接口控制 Gazebo 了。

3. 重要的标签为 `<inertia>`、`<collision>`和`<gazebo>`。

4. ROS 中的 Gmapping 软件包是一种快速 SLAM 算法实现，可用于机器人对环境地图的构建和定位。在 ROS 中使用 Gmapping 非常简单，引入具有必要参数和主题（例如里程计和激光扫描）的 gmapping 节点即可。

5. `move_base` 节点具有处理机器人中各种导航子系统和处理全局或局部规划的功能，也可以处理机器人的地图。一旦节点收到目标位置的信息，该目标位置就会输入导航子系统，以到达该目标位置。

6. AMCL 是自适应蒙特卡罗定位的缩写，它是一种在给定地图上定位机器人的算法。ROS 中有一个 ROS 包，可用于在机器人中部署 AMCL。可以使用适当的输入和必要的参数启动 amcl 节点。

第5章

1. 它是为机器人寻找合适的机器人硬件组件以满足机器人所需规格的过程。它还涉及电路的设计和各个组件电流的计算，以保证机器人组件的稳定性。

2. 这是一个开关电路，可以控制电机的方向和速度。

3. 用于导航的主要组件是用于计算车轮速度的车轮编码器和用于探测机器人周围障碍物的激光测距仪或深度传感器。

4. 需要检查它是否符合机器人的规格。

5. 地图构建、障碍检测、目标检测和跟踪。

第6章

1. 用于控制机器人电机速度的开关电路。

2. 一种可以检测车轮旋转速度和方向的传感器。

3. 在4X编码方案中，我们提取编码器脉冲之间的最大转移次数，以便从一次旋转中获得更多的计数。

4. 使用编码器计数和计数间走过的距离，可以很容易地计算车轮的位移。

5. 这是一种智能执行器，其具有一个电机和一个微控制器，可以直接与PC相连，用于自定义执行器的不同设置。可以菊花链方式连接，适用于机械臂。

6. 它是用于测距的传感器，有一个发射器和一个接收器。发射器发射超声波，接收器接收超声波。两者之间的延迟用于距离测量。

7. 距离 = 回波引脚输出高电平时间 × 速度（340m/s）/2。

8. 它发送红外脉冲，然后由红外接收器接收。根据距离的不同，红外接收器内的电压会发生变化，可以用以下公式计算距离：

$$距离 = (6787/(电压 - 3)) - 4$$

第7章

1. 大多数3D深度传感器都有额外的视觉传感器，可以检测深度。可采用红外投影法或立体视觉法。

2. 消息传递接口，可视化和调试机器人的工具，现成的机器人算法。

3. OpenCV主要有计算机视觉算法，OpenNI主要有实现NI应用的算法，PCL主要有处理点云数据的算法。

4. 它代表即时定位与地图构建，是一种常用的对机器人环境进行地图构建和定位的算法。

5. 它是一种三维环境地图构建算法。

第8章

1. 它是机器人底层控制器与上位机等高级控制器之间的中介程序。它将底层数据转换为ROS等效数据。

2. PID是一种控制环反馈机制，可通过获取机器人位置的反馈来到达机器人目标位置。

3. 使用编码器数据，可以利用机器人运动学方程来计算机器人所经过的距离，即里程计数据。

4. 主要用于对环境进行地图构建。

5. 主要用于在静态地图中对机器人进行定位。

第9章

1. Qt和GTK.

2. 这两个绑定几乎相同，唯一不同的是名称。PyQt许可证是GPL，PySide附带LGPL。另外，PySide有很多关于其API的文档。

3. 可以使用名为`pyuic`的Py UI编译器。

4. Qt槽是程序中Qt信号可以触发的函数。例如，`clicked`是一个可以调用名为`hello()`函数的信号。

5. rqt是ROS中有用的GUI工具之一。可以创建rqt插件并插入rqt gui。rqt中已有插件可以进行可视化、调试等工作。

推荐阅读

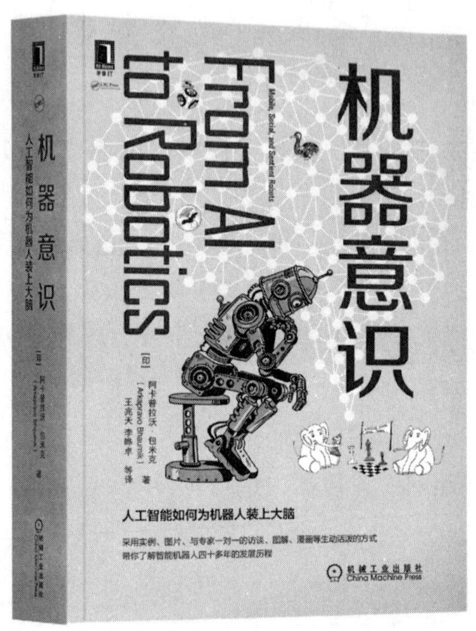

机器意识：人工智能如何为机器人装上大脑

作者：[印] 阿卡普拉沃·包米克 译者：王兆天 李晔卓 等 ISBN：978-7-111-68603-3

内容简介

本书涵盖许多无论是在理论还是在实践中都非常有趣的话题。书中介绍了包括控制范式、导航、软件、多机器人系统、群体机器人、社会角色中的机器人以及机器人中的人工意识。阐述了几个宽泛的主题，如人工智能理论与应用、拟人化、化身与情境、将心理学和动物行为理论扩展到机器人的理论以及未来的人工智能的新定义。

本书采用实例、图片、与专家一对一的访谈、图解、漫画等方式，讲述了智能机器人四十多年的发展历程，生动活泼，适合机器人爱好者、对智能机器人的历史及发展感兴趣的读者（包括研究人员、学生等）阅读。